BestMasters

Weitere informationen zu dieser Reihe finden Sie unter
http://www.springer.com/series/13198

Mit „BestMasters" zeichnet Springer die besten Masterarbeiten aus, die an renommierten Hochschulen in Deutschland, Österreich und der Schweiz entstanden sind. Die mit Höchstnote ausgezeichneten Arbeiten wurden durch Gutachter zur Veröffentlichung empfohlen und behandeln aktuelle Themen aus unterschiedlichen Fachgebieten der Naturwissenschaften, Psychologie, Technik und Wirtschaftswissenschaften.
Die Reihe wendet sich an Praktiker und Wissenschaftler gleichermaßen und soll insbesondere auch Nachwuchswissenschaftlern Orientierung geben.

Daniel Schallus

Kausalität, Analytizität und Dispersionsrelationen

Eine Analyse aus mathematischer und physikalischer Perspektive

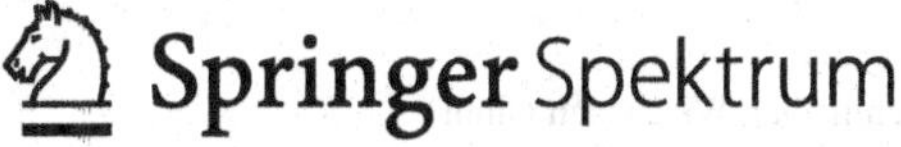

Daniel Schallus
Mainz, Deutschland

BestMasters
ISBN 978-3-658-13200-2 ISBN 978-3-658-13201-9 (eBook)
DOI 10.1007/978-3-658-13201-9

Die Deutsche Nationalbibliothek verzeichnet diese Publikation in der Deutschen Nationalbibliografie; detaillierte bibliografische Daten sind im Internet über http://dnb.d-nb.de abrufbar.

Springer Spektrum
© Springer Fachmedien Wiesbaden 2016
Das Werk einschließlich aller seiner Teile ist urheberrechtlich geschützt. Jede Verwertung, die nicht ausdrücklich vom Urheberrechtsgesetz zugelassen ist, bedarf der vorherigen Zustimmung des Verlags. Das gilt insbesondere für Vervielfältigungen, Bearbeitungen, Übersetzungen, Mikroverfilmungen und die Einspeicherung und Verarbeitung in elektronischen Systemen.
Die Wiedergabe von Gebrauchsnamen, Handelsnamen, Warenbezeichnungen usw. in diesem Werk berechtigt auch ohne besondere Kennzeichnung nicht zu der Annahme, dass solche Namen im Sinne der Warenzeichen- und Markenschutz-Gesetzgebung als frei zu betrachten wären und daher von jedermann benutzt werden dürften.
Der Verlag, die Autoren und die Herausgeber gehen davon aus, dass die Angaben und Informationen in diesem Werk zum Zeitpunkt der Veröffentlichung vollständig und korrekt sind. Weder der Verlag noch die Autoren oder die Herausgeber übernehmen, ausdrücklich oder implizit, Gewähr für den Inhalt des Werkes, etwaige Fehler oder Äußerungen.

Gedruckt auf säurefreiem und chlorfrei gebleichtem Papier

Springer Spektrum ist Teil von Springer Nature
Die eingetragene Gesellschaft ist Springer Fachmedien Wiesbaden GmbH

Inhaltsverzeichnis

Abbildungsverzeichnis

1 Einleitung

„If there be any suspicion that the course of nature may change, and that the past may be no rule for the future, all experience becomes useless, and can give rise to no inference or conclusion. It is impossible, therefore, that any arguments from experience can prove this resemblance of the past to the future, since all these arguments are founded on the supposition of that resemblance."

– David Hume, *An Enquiry Concerning Human Understanding*

In dem obigen Zitat beschreibt der Philosoph David Hume das Kausalitätsprinzip als Grundvoraussetzung jedweder Art von Empirie. In seinen Augen umfasste der Begriff der Kausalität unter anderem die folgenden zwei Aspekte, denen auch heute wohl kaum jemand widersprechen würde: Erstens treten Ursache und Wirkung immer nur paarweise auf, wobei dieselbe Ursache auch zu derselben Wirkung führt. Zweitens eilt die Ursache der Wirkung voraus und niemals umgekehrt. Betrachtet man nun die wissenschaftliche Empirie der Naturwissenschaften, so muss man in der Tat feststellen, dass ein Wegfallen des obigen Kausalgesetzes die gesamte Erkenntnisgewinnung dieser Wissenschaften untergraben würde. Würden nämlich gleiche Ursachen zu völlig unterschiedlichen Wirkungen führen, so wären Vergleichsexperimente unmöglich beziehungsweise ohne Aussage und Ergebnisreproduktionen wären rein zufällig. Mehr noch müsste man den Gedanken fallenlassen, dass man durch gezielte Veränderungen der Ursache und die sich daraus ergebende Veränderung der Wirkung irgendeinen Aufschluss über den zugrunde liegenden Prozess bzw. die verantwortliche Dynamik erlangen könnte. Insgesamt scheint es nur schwer vorstellbar, wie die Naturwissenschaft in einer solchen Welt – ihrer Waffen beraubt – bestehen könnte. Noch schwerer fällt die Vorstellung, verkehrt man den zweiten Grundsatz des obigen Kausalitätsprinzips. Eine Welt, in der die Wirkung der Ursache vorauseilt, ist kaum vorstellbar. Würde man beispielsweise als Kind an Lungenkrebs erkranken, weil man mit 20 Jahren anfängt zu rauchen? Und wenn ja, wer würde den erkrankten Zwanzigjährigen dazu zwingen, mit dem Rauchen anzufangen? Vermutlich sind solche Gedankenspiele aber von Anfang an zum Scheitern verurteilt, da die Ceteris-paribus-Klausel hier wohl zutiefst verletzt ist und die Welt wohl eine völlig andere wäre.

Glücklicherweise scheint es aber auch nicht notwendig über eine solche Welt nachzudenken, denn auch wenn man das Prinzip der Kausalität, wie Hume meint, nicht beweisen kann, so schreiten die Naturwissenschaften – unter der stillschweigenden Gültigkeitsannahme eben dieses Prinzips – immer weiter erfolgreich voran. Es scheint also, als sei die Gültigkeitsannahme des Kausalitätsgesetzes, wenn schon nicht beweisbar, so doch zumindest sehr erfolgreich. Nimmt man dessen Gültigkeit nun an, so gilt es allerdings auch, alle Implikationen dieser Prämisse zu akzeptieren. Dass diese keineswegs immer offensichtlich sind, schildert R. Hagedorn in seinem sehr schönen Aufsatz mit dem Titel „Causality and Dispersion Relations" [Hag66].

Hagedorn beschreibt dort ein Dialog zwischen einem Erfinder und einem Physiker. Ersterer hat die findige Idee, eine Brille zu entwerfen, welche es dem Träger ermöglicht, bei Dunkelheit zu sehen. Er hat auch schon einen Plan, wie seine – sicherlich gewinnbringende – Erfindung genau funktionieren soll. Seine Brille soll für genau eine Frequenz durchlässig sein und alle anderen absorbieren. Das vermeintlich Geniale dieser Idee erschließt sich, wenn man als Lichtquelle einen diskreten Lichtblitz untersucht. Ein solcher ließe sich mathematisch beispielsweise durch eine Deltadistribution $\delta(t - t_0)$ beschreiben. Betrachtet man diese nun im Frequenzraum, so wird der Lichtblitz durch eine Überlagerung zeitlich unendlich ausgedehnter Sinuswellen dargestellt. Dabei überlagern sich die Sinuswellen derart, dass außerhalb des Zündungszeitpunktes immer destruktive Interferenz stattfindet. Durch die Brille, so der Erfinder, werden jetzt allerdings alle Frequenzen bis auf eine herausgefiltert, sodass keine destruktive Interferenz mehr stattfinden kann. Das Ergebnis: Nachdem man einen dunklen Raum betritt, zündet man kurz einen Lichtblitz und kann von da an im Dunkeln sehen. Die Erfindung klingt ohne Frage genial, vielleicht sogar zu genial, um davon überzeugt zu sein. Denn auch der Erfinder merkt seine Verwunderung darüber an, dass er der Erste ist, der über eine solche Erfindung nachdenkt, und muss zudem eingestehen, dass ihm die Konstruktion einer solchen Brille noch nicht gelungen ist. Aber wo ist der Denkfehler, wieso beschleicht einen das flaue Gefühl eines Paradoxons? Resümiert man die Erläuterungen des Erfinders, so stellt man keine Fehler fest, er hat lediglich eine Sache vergessen. Da keine Überlagerung der Sinuswellen mehr stattfindet, erhellt die Brille den Raum nicht nur nach dem Zünden des Blitzes sondern auch schon vorher. Genau wie in dem obigen Beispiel würde der Träger also sehend den dunklen Raum betreten, wohl wissend, dass er auf fatalistische Weise gezwungen ist, in Kürze einen Lichtblitz zu zünden. Die Brille kann also niemals funktionieren, da sie einem der fundamentalsten Prinzipien der Physik, nämlich dem der Kausalität, widerspricht. So grundsätzlich und niederschmetternd diese Erkenntnis für den Erfinder auch sein mag, so wenig zufriedenstellend ist sie zugleich. In der Tat muss man nicht Mathematiker oder Physiker sein, um diese Antwort als unbefriedigend zu empfinden. Es drängt sich die Frage auf, wie oder wo genau das Kausalitätsprinzip die Konstruktion einer solchen Brille verhindert. Gibt es eine Möglichkeit, einen Blick hinter den einerseits so selbstverständlichen, andererseits so schwer fassbaren Begriff der Kausalität zu werfen? Zur Beantwortung dieser Frage betritt der Physiker die Bühne. Er möchte die Brille als einen „Vermittler" zwischen einem Input, nämlich dem einlaufenden Licht, und einem Output, dem gefilterten Licht, beschreiben. Die Eigenschaften des Vermittlers sollen dabei möglichst allgemein gehalten werden. Es werden zunächst lediglich zwei Annahmen getroffen: Erstens sollen sich die Übertragungseigenschaften des Vermittlers nicht ändern, es sollte also egal sein, ob man das Experiment heute oder tausend Jahre später durchführt. Formal verbirgt sich darin die Forderung der zeitlichen Translationsinvarianz[1], welche konkret besagt, dass die Physik heute noch genauso sein sollte wie in ferner Zukunft und dass sich – in unserem Fall – die Brille in diesem Zeitraum nicht verändert. Die zweite Einschränkung besagt, dass sich der Prozess kausal verhalten soll, dass also nicht die Wirkung der Ursache vorauseilt. Versucht man diese Aussagen nun in die Sprache der Physik – also die Mathematik – zu übersetzen, so bietet sich zur Vereinfachung noch eine dritte Forderung an. Es wird festgelegt, dass der Zusammenhang zwischen Input und Output linear sei. Mit Hilfe dieser Vereinbarungen lässt sich die Verbindung zwischen Input $f(t) = \delta(t - t_0)$, Vermittler $g(t)$ und Output $x(t)$ als Faltung zunächst folgendermaßen beschreiben:

$$x(t) = \int_{-\infty}^{\infty} g(t - t')\delta(t' - t_0)\mathrm{d}t',$$

wobei g aufgrund der Zeittranslationsinvarianz nur von der Differenz $t - t'$ abhängt. Berücksichtigt man zudem die Kausalitätsbedingung $x(t) = 0$ für $t < t_0$, so hat dies auch Auswirkungen auf die Übertragungsfunktion $g(t)$. Es ergibt sich nämlich

$$0 \equiv x(t) = \int_{-\infty}^{\infty} g(t - t')\delta(t' - t_0)\mathrm{d}t' = g(t - t_0) \quad (t < t_0).$$

Demnach muss $g(t) \equiv 0$ für $t < 0$ gelten, die Übertragungsfunktion für negative Werte also verschwinden. Es ist dem Physiker folglich gelungen, den Vorgang mathematisch zu beschreiben und dabei auf eine Bedingung für die Übertragungsfunktion zu stoßen. Doch was ist damit gewonnen, inwieweit lässt uns dies hinter den Vorhang der Kausalität blicken? Es ist die Mathematik in Form des Titchmarsh'schen Theorems [Tit48], die ihre volle Eleganz aufblitzen lässt und den Vorhang somit etwas anhebt. Titchmarsh konnte nämlich zeigen, dass der Real- und Imaginärteil einer Funktion G, deren Fourier-Transformierte g für negative Werte verschwindet, unter bestimmten Bedingungen in Form einer Hilbert-Transformation miteinander verknüpft sind. Im Rahmen der Physik waren es Kramers und Kronig, die als Erste diesen als Dispersionsrelationen bezeichneten Zusammenhang zwischen dem Brechungsindex und dem Absorptionskoeffizienten herstellten [Kra27, Kro26]. Es ist eben genau dieser Zusammenhang, der dem Erfinder zum Verhängnis wird. Zwar kann dieser eine Brille entwerfen, die bestimmte Frequenzen herausfiltert, also den Absorptionskoeffizienten modifiziert. Allerdings kann er dies nicht tun, ohne gleichzeitig den Brechungsindex zu verändern. Das Prinzip der Kausalität „sorgt dafür“, dass

[1] Betrachtet man das obige Zitat Humes, so könnte man seine Aussagen sicherlich auch auf das Prinzip der Zeittranslationsinvarianz beziehen.

sich der Brechungsindex genau in der Weise ändert bzw. der Input genau die Phasenverschiebung erfährt, dass sich die Wellen zu früheren Zeiten auslöschen und keine Wirkung der Ursache vorauseilt. Dies mag unglaublich klingen, wie aber zu Beginn erläutert wurde, wäre der wirklich unglaubliche Fall derjenige, in dem es sich anders verhält. Es ist das Titchmarsh'sche Theorem, welches diesen Zusammenhang zwischen dem Offensichtlichen einerseits und dem schwer Vorstellbaren andererseits liefert.

Im Rahmen der vorliegenden Masterarbeit soll der hier nur angeschnittene Zusammenhang zwischen Kausalität und Dispersionsrelationen sowohl mathematisch fundiert als auch ausführlich und verständlich dargelegt werden. Um die oben angesprochene Verbindung auf ein solides Fundament zu stützen, soll zunächst das Titchmarsh'sche Theorem bewiesen werden (Kap. 3). Das Theorem ergänzt die Beziehung zwischen Kausalität und Dispersionsrelationen um den Begriff der Analytizität und komplettiert somit die namensgebende Trias dieser Arbeit. Die Beweisführung beschränkt sich dabei nicht auf das Zitieren der bereits veröffentlichten Ideen Titchmarshs [Tit48]. Neben dem rein fachlichen Anspruch besteht eine beachtliche Herausforderung des Beweises darin, das relevante Theorem aus Titchmarshs umfassendem Werk zu isolieren. Der gewünschte Satz, namentlich Theorem 95, stellt innerhalb des besagten Buches nämlich nur eines von mehr als 100 Theoremen dar. Insofern ist es nicht verwunderlich, dass Titchmarsh häufig Bezug auf andere Theoreme nimmt. Die Aufgabe des Autors besteht nun zum einen darin, einen kompakten, dem Umfang einer Masterarbeit angemessenen Beweis zu liefern, ohne dabei wesentliche Teile desselbigen zu unterschlagen. Zum anderen müssen die Ausführungen Titchmarshs neu strukturiert, um Zwischenschritte ergänzt und um hilfreiche Erläuterungen erweitert werden. Nur so bleibt die Ausführung verständlich und wird einer breiten Leserschaft zugänglich. Um diese anspruchsvolle Aufgabe zu bewältigen, werden dem genannten Kapitel einige mathematische Erläuterungen vorangestellt (Kap. 2). Diese umfassen insbesondere wichtige Sätze der Funktionentheorie sowie Aussagen über sogenannte Hardy-Räume.

Nachdem diese mathematischen Grundlagen bereitgestellt wurden und der Zusammenhang zwischen Kausalität, Analytizität und Hilbert-Transformierter im Sinne des Titch-marsh'schen Theorems dargelegt wurde, gilt es im Folgenden, diese Verbindung mit Hilfe wichtiger physikalischer Beispiele zu verdeutlichen. Die dazu behandelten Themen erstrecken sich hierbei über weite Bereiche der Physik. Als Paradebeispiel dient der gedämpfte harmonische Oszillator (Kap. 4). Dieser verdeutlicht auf sehr einfache Art und Weise den Zusammenhang der angesprochenen Trias. Eben dieses Modell liegt auch dem daran anschließend untersuchten Lorentz-Oszillator zugrunde (Abschn. 5.1). Dieser liefert eine erste Beschreibung der elektrischen Permittivität einer Substanz. Anknüpfend daran wird der Zusammenhang zwischen Absorption und Dispersion im Rahmen der Kramers-Kronig-Relationen untersucht. Diese fügen sich perfekt in die beschriebene Thematik ein, da sie mit Hilfe des Titchmarsh'schen Theorems einen sehr allgemeinen Zusammenhang zwischen dem Imaginär- und dem Realteil der Dielektrizitätsfunktion herstellen (Kap. 5). Überträgt man diese makroskopische Beschreibung der Wechselwirkung von Licht mit Materie in die mikroskopische Welt, so gelangt man ohne große Umschweife in den folgenden Themenschwerpunkt der elektromagnetischen Streuung (Kap. 6). Das Prinzip der Streuung sowie wichtige Begriffe dieser Thematik, wie der Wirkungsquerschnitt, sollen dabei zunächst am einfachen Beispiel der Thomson-Streuung erläutert werden. In etwas allgemeinerer Form wird daran anknüpfend das optische Theorem der klassischen Elektrodynamik beleuchtet. Dessen Pendant in der Quantenmechanik wird unter anderem im Kap. 7 hergeleitet. Außerdem ist die Partialwellenamplitude Thema dieses Kapitels. Diese wird zunächst im Rahmen der Streuung hergeleitet und anschließend auf ihre analytischen Eigenschaften hin untersucht, um so schlussendlich physikalische Phänomene wie das der Resonanz zu beschreiben. Abschließend dient die Compton-Streuung an einem stark wechselwirkenden Teilchen (Hadron) als konkrete Anwendung der bereitgestellten Theorie (Abschn. 7.5 u. 7.6). Auch in diesem Teil der Arbeit besteht die Herausforderung zunächst darin, die durchaus komplexe Thematik sowohl fachlich fundiert aufzuarbeiten als auch verständlich und eingänglich zu präsentieren. Dabei gilt es einerseits sehr allgemeine und grundlegende Aspekte der Physik zu beleuchten (Abschn. 7.2 u. 7.3), andererseits spezielle Gebiete (Abschn. 6.2 u. 7.4) bis hin zu Elementen gegenwärtiger Forschung (Abschn. 7.6) aufzuarbeiten.

Nicht untersucht wird die Streuung im Rahmen der Quantenfeldtheorie. Dort wäre bspw. die Untersuchung sogenannter Schleifenintegrale durchaus lohnenswert. Dies kann aufgrund anderer Schwerpunktsetzung und der beschränkten fachlichen Mittel des Autors in diesem Rahmen nicht geleistet werden. Eine Einführung in diese Thematik lässt sich beispielsweise bei [Hag63] oder auch [Hil62] finden. Darüber hinaus muss auf die intensivere Untersuchung der Hilbert-Transformierten verzichtet werden. Auch hier würde eine ausführlichere Beschreibung den Rahmen einer Masterarbeit übersteigen. Es sei dafür auf das Originalwerk Titchmarshs [Tit48] sowie das nahezu allumfassende, zweibändige Werk Kings verwiesen [Kin09a, Kin09b].

Mit dieser Aufzählung ist die Liste an Themen, deren Untersuchung zwar lohnenswert wäre aber im Rahmen dieser Arbeit nicht vollzogen wird, sicherlich nicht vollständig. Indes befindet man sich als Autor immer in der Verlegenheit bestimmte Themenbereiche auszulassen. Es wird sich am Ende dieser Arbeit zeigen, inwieweit durch die getroffene Auswahl letztlich der Anspruch dieser Arbeit erfüllt werden kann, auf fundierte und verständliche Weise den Zusammenhang der namensgebenden Trias dieses Werkes zu beleuchten. Bevor eben diese Reflexion im Rahmen des Fazits vollzogen wird (Kap. 8), gilt es zunächst den angekündigten Hauptteil dieser Arbeit mit allen aufgezählten Teilgebieten darzulegen. Dies soll im Folgenden geschehen.

2 Mathematische Vorbemerkungen

2.1 Wichtige Sätze der Funktionentheorie

Der mathematische Teilbereich der Funktionentheorie beschäftigt sich im Besonderen mit komplexwertigen Funktionen $f : \mathbb{C} \to \mathbb{C}$ komplexer Variablen. Im Zuge des Titch-marsh'schen Theorems sind vor allem holomorphe Funktionen von Interesse. Der Begriff der Holomorphie bezeichnet in der Funktionentheorie das Analogon zur Differenzierbarkeit in der reellen Analysis. Allerdings weisen holomorphe Funktionen Eigenschaften auf, die man in der reellen Analysis von differenzierbaren Funktionen nicht zwangsläufig erwarten würde. So ist bspw. jede einfach komplex differenzierbare Funktion unendlich oft differenzierbar, wodurch in diesem Sinne der Begriff der Analytizität und der Begriff der Holomorphie zusammenfallen. An dieser Stelle können und sollen nur wenige, für den Beweis des Titchmarsh'schen Theorems und dessen späteren Anwendungen unerlässliche Erkenntnisse der Funktionentheorie wiedergegeben werden. Zum Beweis dieser Aussagen ist ein tieferer Einblick in dieses, durchaus umfangreiche, Gebiet der Mathematik notwendig, was im Rahmen dieser Masterarbeit nicht bewerkstelligt werden kann.
Eines der wohl wichtigsten Werkzeuge der Funktionentheorie bildet der sogenannte *Residuensatz*. Bevor dieser jedoch genannt wird, müssen zunächst die Begriffe der *Umlaufzahl* und des *Residuums* definiert werden.

Definition 1 (Umlaufzahl [Fri09], S. 131). *Sei $\alpha : [a,b] \to \mathbb{C}$ ein Integrationsweg und $z \notin |\alpha|$, also z nicht auf dem Integrationsweg. Dann heißt*

$$n(\alpha, z) := \frac{1}{2\pi \mathrm{i}} \int\limits_{\alpha} \frac{\mathrm{d}\zeta}{\zeta - z} \tag{1}$$

die Umlaufzahl von α bezüglich z.

Definition 2 (Residuum [Fri09], S. 137). *Sei $B \subset \mathbb{C}$ offen, $z_0 \in B$, $f : B \setminus \{z_0\} \to \mathbb{C}$ holomorph und $\epsilon > 0$, so dass $D_\epsilon(z_0)$ relativ kompakt in B liegt. Dann heißt*

$$\mathrm{res}_{z_0}(f) := \frac{1}{2\pi \mathrm{i}} \int\limits_{\partial D_\epsilon(z_0)} f(\zeta)\mathrm{d}\zeta$$

das Residuum von f in z_0.

Dabei bezeichnet $D_\epsilon(z_0)$ einen Kreis mit Mittelpunkt z_0 und Radius ϵ und $\partial D_\epsilon(z_0)$ den Rand dieses Kreises. Prinzipiell ließe sich mittels dieser Definition das Residuum einer Funktion in einem bestimmten Punkt berechnen. Allerdings liefert der folgende Satz in der „Praxis“ einen gangbareren Weg zur konkreten Berechnung eines Residuums.

Theorem 1 ([Fri09], S. 137). *Sei $B \subset \mathbb{C}$ offen, $z_0 \in B, f : B \setminus \{z_0\} \to \mathbb{C}$ holomorph und z_0 eine m-fache Polstelle. Dann gilt:*

$$\operatorname{res}_{z_0}(f) = \frac{1}{(m-1)!} \lim_{z \to z_0} [(z - z_0)^m f(z)]^{(m-1)}.$$

Beweis. [Fri09], S. 137-138. □

Mit den oben bereitgestellten Definitionen lässt sich nun der Residuensatz formulieren.

Theorem 2 (Residuensatz [Fri09], S. 139). *Sei $G \subset \mathbb{C}$ ein einfach zusammenhängendes Gebiet, $D \subset G$ diskret, γ ein geschlossener Integrationsweg in G mit $|\gamma| \cap D = \emptyset$ und $f : G \setminus D \to \mathbb{C}$ holomorph. Dann gilt:*

$$\frac{1}{2\pi i} \int_{\gamma} f(\zeta) d\zeta = \sum_{z \in G} n(\gamma, z) \operatorname{res}_z(f). \tag{2}$$

Beweis. [Fri09], S. 139-140. □

Im Rahmen dieser Masterarbeit wird das obige Theorem selten in dieser allgemeinen Form verwendet. In der Regel werden wichtige Spezialfälle dieses Theorems untersucht. Einer dieser Spezialfälle sieht dabei folgendermaßen aus.

Theorem 3 (Residuenformel [WS05], S. 562). *Sei G ein einfach zusammenhängendes Gebiet mit stückweise glattem Rand $C = \partial G$; $B \supset (G \cup C)$ ein größeres Gebiet, und f sei in B holomorph mit Ausnahme endlich vieler isolierter Singularitäten $z_1, ..., z_n \in G$. Dann gilt:*

$$\frac{1}{2\pi i} \oint_C f(\zeta) d\zeta = \sum_{k=1}^{n} \operatorname{res}_{z_k}(f).$$

Beweis. [WS05], S. 562-563. □

Neben der Residuenformel lässt sich auch ein weiteres gewichtiges „Werkzeug“ der Funktionentheorie, die sogenannte Cauchy'sche Integralformel, aus dem Residuensatz ableiten. Die Aussage dieses Satzes wird in folgendem Theorem beschrieben.

Theorem 4 (Cauchy'sche Integralformel [Fri09], S. 84). *Sei $G \subset \mathbb{C}$ ein Gebiet, $f : G \to \mathbb{C}$ holomorph, $z_0 \in G$ und $r > 0$, so dass $D := D_r(z_0)$ relativ kompakt in G liegt und ∂D den Rand von D bezeichnet. Dann gilt für alle $z \in D$:*

$$f(z) = \frac{1}{2\pi i} \int_{\partial D} \frac{f(\zeta)}{\zeta - z} d\zeta.$$

Beweis. Man wende den Residuensatz auf $g(z) = f(z)/(z - z_0)$ an und berechne das Residuum mittels Thm. 1. Da die Umlaufzahl $n(\partial D, z) = 1$ ist, folgt die Behauptung ([Fri09], S. 141). □

Die bis hierhin genannten Theoreme stellen das minimal notwendige funktionentheoretische Rüstzeug dar, um sowohl das Titchmarsh'sche Theorem zu beweisen als auch dessen Anwendung auf konkrete physikalische Probleme zu beschreiben. Im Folgenden sollen nun zudem einige spezielle Aussagen der Funktionalanalysis dargelegt werden.

2.2 Fourier-Transformation

2.2.1 Konvergenz im quadratischen Mittel

Bevor die Thematik der Fourier-Transformation näher beleuchtet werden kann, muss an dieser Stelle ein ihr zugrundeliegender Konvergenzbegriff, nämlich die *Konvergenz im quadratischen Mittel*, erläutert werden. Zum Verständnis erscheint es sinnvoll, diesem speziellen Konvergenzbegriff mindestens eine andere Art der Konvergenz, nämlich die der punktweisen Konvergenz, gegenüberzustellen. Es sei dabei noch angemerkt, dass dieser Abschnitt nicht maximale formale Allgemeinheit der Definitionen und Begriffe anstrebt. Die Definitionen sollen lediglich in der für den anschließenden Beweis notwendigen Allgemeinheit dargelegt und veranschaulicht werden. Dafür soll zunächst die punktweise Konvergenz wie folgt definiert werden.

Definition 3 (Punktweise Konvergenz [For01], S. 231). *Sei K eine Menge und seien $f_n : K \to \mathbb{C}$, $n \in \mathbb{N}$, Funktionen. Die Folge f_n konvergiert punktweise gegen eine Funktion $f : K \to \mathbb{C}$, falls zu jedem $x \in K$ und $\epsilon > 0$ ein N existiert, sodass $|f_n(x) - f(x)| < \epsilon$ für alle $n \geq N$. Man schreibt in der Regel einfach*

$$\lim_{n \to \infty} f_n(x) = f(x).$$

Anschaulich beschreibt punktweise Konvergenz die Annäherung einer Funktionenfolge an ihre Grenzfunktion demnach wie folgt: In jedem Punkt des Definitionsbereiches kommen sich die Werte der Funktion und die Werte hinreichend großer Funktionenfolgenglieder beliebig nahe. Dies sollte man bedenken, wenn man in Abgrenzung dazu den folgenden Konvergenzbegriff betrachtet.

Definition 4 (Konvergenz im quadratischen Mittel [Piv10], S. 122). *Sei $D \subset \mathbb{R}$ eine Teilmenge der reellen Zahlen und seien f_n Funktionen, die auf dieser Menge definiert sind. Dann konvergiert die Folge f_n im quadratischen Mittel gegen eine Funktion f, falls gilt:*

$$\lim_{n \to \infty} \sqrt{\int_D |f_n(x) - f(x)|^2 \mathrm{d}x} = 0.$$

Man schreibt hierfür auch häufig $\underset{n\to\infty}{\text{l.i.m.}} f_n = f$, *wobei l.i.m. für „limit in mean" steht.*

Rein formell wird der Unterschied zur punktweisen Konvergenz sofort deutlich. Anschaulich wird die Differenz aber auch schnell klar. Stellt f den Grenzwert einer Funktionenfolge im Sinne der Konvergenz im quadratischen Mittel dar, so müssen die Werte der Funktion bzw. der Funktionenfolge nicht zwangsläufig alle beliebig nahe beieinander liegen. Es reicht aus, dass die „mittlere Abweichung" der Funktionswerte beliebig klein wird. Einzelne Funktionswerte können dabei durchaus voneinander abweichen. Es sei noch angemerkt, dass punktweise Konvergenz häufig als die „stärkere" Form der Konvergenz bezeichnet wird. Dies ist insofern korrekt, dass unter gewissen Voraussetzungen punktweise Konvergenz die Konvergenz im quadratischen Mittel impliziert. Im Allgemeinen ist dies aber weder in der einen noch in der anderen Richtung korrekt. Zudem sei noch erwähnt, dass in beiden der oben diskutierten Fälle auch der Begriff der Konvergenz *fast überall* existiert. Dies bedeutet, dass ein Definitionsbereich existiert, der nur um eine sogenannte *Nullmenge* (vgl. [For12], S. 34) reduziert werden muss, sodass die Funktionenfolge auf diesem dann im gewöhnlichen Sinne konvergiert. Mit Hilfe dieser Erläuterungen sollte es im Folgenden nun möglich sein, den Begriff der Fouriertransformation näher zu untersuchen.

2.2.2 Plancherels Theorie

Prinzipiell lässt sich die Fourier-Transformierte $f := \mathscr{F}[F]$ einer Funktion $F \in L^1(\mathbb{R})$ folgendermaßen definieren:[2]

$$f(x) := \mathscr{F}[F](x) = \frac{1}{\sqrt{2\pi}} \int_{-\infty}^{\infty} F(t)\mathrm{e}^{-\mathrm{i}tx}\mathrm{d}t.$$

Häufig wird dabei auch die Fourier-Transformierte eine integrierbare Funktion sein, also $\mathscr{F}[F] \in L^1(\mathbb{R})$ gelten. Ist dies der Fall, so lässt sich die Invers-Fourier-Transformierte $\mathscr{F}^{-1}[f] := F$ durch

$$\mathscr{F}^{-1}[f](x) = \frac{1}{\sqrt{2\pi}} \int_{-\infty}^{\infty} f(t)\mathrm{e}^{\mathrm{i}tx}\mathrm{d}t$$

definieren (vgl. [For12], S. 147). Allerdings muss die Fourier-Transformierte einer Funktion nicht zwangsläufig in $L^1(\mathbb{R})$ liegen. Untersucht man nämlich eine

[2]In unterschiedlichen Büchern wird die Fourier-Transformierte auf unterschiedliche Weise definiert. Dabei differieren im Wesentlichen die Vorfaktoren und das Vorzeichen des Exponenten für die Hin- bzw. Rücktransformation. In dieser Arbeit soll die hier angeführte Konvention verwendet werden.

Rechtecksfunktion, die sich bspw. durch $F(x) = \theta(x+1) - \theta(x-1)$ beschreiben lässt, so ist diese sicherlich integrierbar und deren Fourier-Transformierte ist durch

$$f(x) = \frac{1}{\sqrt{2\pi}} \int_{-1}^{1} \mathrm{e}^{-\mathrm{i}tx} \mathrm{d}t = \frac{1}{\sqrt{2\pi}} \frac{\mathrm{i}}{x} (\mathrm{e}^{-\mathrm{i}x} - \mathrm{e}^{\mathrm{i}x}) = \sqrt{\frac{2}{\pi}} \frac{\sin x}{x}$$

gegeben. Allerdings ist die Funktion $f(x) \notin L^1(\mathbb{R})$, sodass die Fourier-Transformierte in diesem Fall keine umkehrbare Operation beschreibt (vgl. [Fri09], S. 162). Plancherel war der Erste, dem es gelang eine fundamentale Theorie zu entwickeln, in der die Fourier-Transformation einen Isomorphismus beschreibt. Die Abbildung operiert dabei nicht zwischen dem Raum der einfach Lebesgue-integrierbaren Funktionen $L^1(\mathbb{R})$, sondern zwischen dem Raum der quadratisch Lebesgue-integrierbaren Funktionen $L^2(\mathbb{R})$. Eine ausführliche Erörterung dieser Theorie wäre an dieser Stelle zu umfangreich und es sei dafür auf entsprechende Fachbücher verwiesen (vgl. [Tit48], Kap. III). Allerdings sollen einige wichtige Erkenntnisse im Folgenden aufgelistet werden, welche für den zu führenden Beweis unerlässlich sind. Im Rahmen des Titchmarsh'schen Theorems ist vor allem das folgende Theorem von Relevanz.

Theorem 5 (Titchmarsh Thm. 48: [Tit48], S. 69). *Sei $f(x)$ eine reell- oder komplexwertige Funktion der Klasse $L^2(\mathbb{R})$ und seien*

$$\begin{aligned} F(x,a) &= \frac{1}{\sqrt{2\pi}} \int_{-a}^{a} f(y)\mathrm{e}^{\mathrm{i}xy}\mathrm{d}y \quad \text{, sowie} \\ f(x,a) &= \frac{1}{\sqrt{2\pi}} \int_{-a}^{a} F(y)\mathrm{e}^{-\mathrm{i}xy}\mathrm{d}y \end{aligned} \tag{3}$$

gegeben. Dann konvergiert $F(x,a)$ für $a \to \infty$ im Sinne eines quadratischen Mittels gegen ein $F(x)$ aus $L^2(\mathbb{R})$. Umgekehrt konvergiert auch $f(x,a)$ in diesem Sinne gegen $f(x)$. Dabei sind die Transformationen durch

$$F(x) = \mathscr{F}^{-1}[f](x) := \frac{1}{\sqrt{2\pi}} \frac{\mathrm{d}}{\mathrm{d}x} \int_{-\infty}^{\infty} f(y) \frac{\exp(\mathrm{i}xy) - 1}{\mathrm{i}y} \mathrm{d}y, \tag{4}$$

$$f(x) = \mathscr{F}[F](x) := \frac{1}{\sqrt{2\pi}} \frac{\mathrm{d}}{\mathrm{d}x} \int_{-\infty}^{\infty} F(y) \frac{\exp(-\mathrm{i}xy) - 1}{-\mathrm{i}y} \mathrm{d}y \tag{5}$$

gegeben. Darüber hinaus gilt:

$$||F||_{L^2} = ||f||_{L^2}. \tag{6}$$

Beweis. [Tit48], Kap. III. □

2.2.3 Parseval'sches Theorem

Zudem wird sich auch das *Parseval'sche Theorem* als nützlich erweisen. Es verknüpft das Integral über das Produkt zweier Funktionen mit dem Integral über das Produkt ihrer Transformierten. Genauer besagt es das Folgende:

Theorem 6 (Parseval [Tit48], S. 50). *Seien f bzw. g zwei Funktionen, deren Invers-Fourier-Transformierten $\mathscr{F}^{-1}(f) =: F$ bzw. $\mathscr{F}^{-1}(g) =: G$ existieren, dann gilt:*

$$\int_{-\infty}^{\infty} F(x)G(x)\mathrm{d}x = \int_{-\infty}^{\infty} f(t)g(-t)\mathrm{d}t.$$

Beweis. [Tit48], Kap. II. □

Man erkennt leicht, dass das Parseval'sche Theorem unter den gegebenen Voraussetzungen auch auf Gl. (6) führt. Betrachtet man nämlich in obigem Theorem den Spezialfall, dass $G(x) = [F(x)]^*$, dem Komplexkonjugierten von $F(x)$ entspricht, so folgt die Aussage unmittelbar (vgl. [Tit48] S. 50ff. und S. 70, Thm. 49).

2.2.4 Faltungstheorem

In der Mathematik wird die *Faltung* zweier Funktionen wie folgt definiert.

Definition 5 (Faltung [For12], S. 91). *Seien $f(x), g(y) \in L^1(\mathbb{R})$, dann gehört die Funktion $f(x)g(y)$, die das Produkt der beiden Funktionen darstellt, dem Funktionenraum $L^1(\mathbb{R}^2)$ an und*

$$(f * g)(y) := \int_{\mathbb{R}} f(x)g(y - x)\mathrm{d}x \tag{7}$$

beschreibt die Faltung von f und g.

Es lässt sich leicht zeigen, dass

$$(f * g)(y) = (g * f)(y) \tag{8}$$

gilt, die Faltung zweier Funktionen also kommutativ ist. Bedeutsam sind Faltungen auch im Rahmen der Fourier-Transformation. Es gilt nämlich das Folgende.

Theorem 7 (Faltungstheorem [Cha73], S. 73). *Seien F, G Funktionen, deren Fourier-Transformierte existieren und durch f, g gegeben sind. Dann gilt einerseits*

$$\mathscr{F}[FG] = \frac{1}{\sqrt{2\pi}}(f * g) \tag{9}$$

und umgekehrt

$$\mathscr{F}[F * G] = \frac{1}{\sqrt{2\pi}} fg. \tag{10}$$

Beweis. [Cha73], S. 224-225. □

2.3 Hardy-Räume auf der oberen Halbebene $H^p(\mathbb{H})$

In der Mathematik bezeichnen *Hardy-Räume* $H^p(G)$ spezielle holomorphe Funktionen auf einem Gebiet G. Im Rahmen des Titchmarsh'schen Theorems ist insbesondere der quadratische Hardy-Raum auf der oberen Halbebene

$$\mathbb{H} = \{z \in \mathbb{C} | \operatorname{Im}(z) > 0\}$$

von Relevanz. Bevor also die genauen Aussagen des Titchmarsh'schen Theorems sowie deren Beweise geliefert werden können, müssen zunächst einige Definitionen und Sätze über Funktionen des besagten Hardy-Raums erläutert werden.

Definition 6 (Hardy-Raum [DA70], S. 187-188)**.** *Sei p eine natürliche Zahl mit $1 < p < \infty$, dann wird die Menge aller holomorphen Funktionen $f : \mathbb{H} \to \mathbb{C}$, bei denen die Seminorm*

$$||f||_{H^p} := \sup_{y>0} \left(\int_{-\infty}^{\infty} |f(x + \mathrm{i}y)|^p \mathrm{d}x \right)^{1/p}$$

beschränkt ist, als Hardy-Raum $H^p(\mathbb{H})$ bezeichnet.

Im Rahmen des Titchmarsh'schen Theorems sind vor allem die Funktionen des quadratischen Hardy-Raums von Interesse ($p = 2$). Nichtsdestotrotz werden die folgenden Sätze, falls möglich, für den allgemeinen Fall eines Hardy-Raums $H^p(\mathbb{H})$, mit $1 < p < \infty$, angeführt.

Theorem 8 ([DA70], S. 190)**.** *Sei eine Funktion $h : \mathbb{R} \to \mathbb{R}$ mit $h \in L^p(\mathbb{R})$ und $1 \leq p \leq \infty$ gegeben und sei*

$$f(x + \mathrm{i}y) = \frac{1}{\pi} \int_{-\infty}^{\infty} \frac{y}{(x-t)^2 + y^2} h(t) \mathrm{d}t \tag{11}$$

analytisch in der oberen Halbebene. Dann ist $f \in H^p(\mathbb{H})$ und es gilt $\lim_{y \to 0} f(x + \mathrm{i}y) = h(x)$.

Beweis. [DA70], S.190. □

Das obige Theorem verbindet also die Funktion komplexer Variablen $f(z)$ mit ihrer Grenzfunktion $h(x)$. Neben diesem Theorem wird es auch nötig sein, auf die Aussagen des *Paley-Wiener-Theorems* zurückzugreifen. Dieses Theorem stellt mittels des Kalküls der Fourier-Transformationen einen sehr nützlichen Zusammenhang zwischen dem Hardy-Raum und dem Raum der Lebesgue-integrierbaren Funktionen auf.

Theorem 9 (Paley-Wiener [DA70], S. 195-196). *Seien die Funktionen $f : \mathbb{C} \to \mathbb{C}$ und $F : \mathbb{R} \to \mathbb{R}$ gegeben. Dann ist die Funktion f genau dann ein Element des Hardy-Raums $H^2(\mathbb{H})$, wenn eine Funktion $F \in L^2(\mathbb{R})$ existiert, so dass*

$$f(z) = \int_0^\infty \mathrm{e}^{\mathrm{i}zt} F(t) \mathrm{d}t \tag{12}$$

gilt.

Beweis. [DA70], S. 196. □

2.4 Die Hilbert-Transformierte $\mathscr{H}$

Die Hilbert-Transformationen bilden einen wichtigen Baustein des Titchmarsh'schen Theorems. Es wird sich nämlich zeigen, dass unter bestimmten Voraussetzungen der Realteil und der Imaginärteil einer Funktion über eben eine solche Hilbert-Transformation miteinander verbunden sind. Bevor diese Behauptung allerdings weiter untersucht wird, soll zunächst der Begriff der Hilbert-Transformierten definiert werden. Dies geschieht im Folgenden.
Seien also zwei Funktionen $f : \mathbb{R} \to \mathbb{R}$ und $g : \mathbb{R} \to \mathbb{R}$ gegeben, sodass deren Invers-Fourier-Transformierte

$$\mathscr{F}^{-1}[f](t) = F(t) \text{ und } \mathscr{F}^{-1}[g](t) = G(t) \tag{13}$$

im Sinne des Abschnittes 2.2 existieren. Dann lassen sich die Funktionen $a(t)$ und $b(t)$ mittels

$$a(t) = \frac{1}{\sqrt{2\pi}}[F(t) + F(-t)] \text{ und } b(t) = \frac{1}{\mathrm{i}\sqrt{2\pi}}[F(t) - F(-t)] \tag{14}$$

definieren. Vermöge dieser Definitionen lässt sich $f(x)$ nun schreiben als:

$$f(x) = \frac{\mathrm{d}}{\mathrm{d}x} \int_0^\infty \left[a(t)\frac{\sin(xt)}{t} + b(t)\frac{1-\cos(xt)}{t} \right] \mathrm{d}t. \tag{15}$$

Dies lässt sich einfach durch Einsetzen und Berücksichtigung von Gl. (5) zeigen. Es gilt nämlich:

$$\begin{aligned}
&\frac{\mathrm{d}}{\mathrm{d}x}\int_0^\infty \left[a(t)\frac{\sin(xt)}{t} + b(t)\frac{1-\cos(xt)}{t}\right]\mathrm{d}t \\
&= \frac{1}{\sqrt{2\pi}}\frac{\mathrm{d}}{\mathrm{d}x}\int_0^\infty \left[F(t)\frac{\sin(xt)-\mathrm{i}+\mathrm{i}\cos(xt)}{t} + F(-t)\frac{\sin(xt)+\mathrm{i}-\mathrm{i}\cos(xt)}{t}\right]\mathrm{d}t \\
&= \frac{1}{\sqrt{2\pi}}\frac{\mathrm{d}}{\mathrm{d}x}\int_{-\infty}^\infty F(t)\frac{\sin(xt)-\mathrm{i}+\mathrm{i}\cos(xt)}{t}\mathrm{d}t \\
&= \frac{1}{\sqrt{2\pi}}\frac{\mathrm{d}}{\mathrm{d}x}\int_{-\infty}^\infty F(t)\frac{\exp(-\mathrm{i}xt)-1}{-\mathrm{i}t}\mathrm{d}t \\
&= \mathscr{F}[F](x) \\
&= f(x).
\end{aligned}$$

Ist nun $f(x)$ wie in Gl. (15) gegeben, dann bezeichnet man $g(x)$ mit

$$g(x) = \frac{\mathrm{d}}{\mathrm{d}x}\int_0^\infty \left[b(t)\frac{\sin(xt)}{t} - a(t)\frac{1-\cos(xt)}{t}\right]\mathrm{d}t \tag{16}$$

als die Hilbert-Transformierte von f. Man schreibt $\mathscr{H}[f](x) = g(x)$. Offensichtlich entsteht g aus f rein formal dadurch, dass a durch b und b durch $-a$ ersetzt wird. Daraus ergibt sich direkt eine wichtige Eigenschaft der Hilbert-Transformierten. Es gilt nämlich:

$$\mathscr{H}\big[\mathscr{H}[f]\big] = -f. \tag{17}$$

Darüber hinaus lässt sich ein weiterer wichtiger Zusammenhang zwischen einer Funktion und ihrer Hilbert-Transformierten herstellen. Betrachtet man nämlich Gl. (16) und setzt dort die Definitionen von $a(t)$ bzw. $b(t)$ aus Gl. (14) ein, so erhält man:

$$\begin{aligned}
g(x) &= \frac{1}{\sqrt{2\pi}} \frac{\mathrm{d}}{\mathrm{d}x} \int\limits_0^\infty \left\{ \Big[F(-t) - F(t)\Big] \frac{\mathrm{i}\sin(xt)}{t} - \Big[F(t) + F(-t)\Big] \frac{1 - \cos(xt)}{t} \right\} \mathrm{d}t \\
&= \frac{1}{\sqrt{2\pi}} \frac{\mathrm{d}}{\mathrm{d}x} \left[\int\limits_0^\infty F(t) \frac{\cos(xt) - \mathrm{i}\sin(xt) - 1}{t} \mathrm{d}t - \int\limits_0^\infty F(-t) \frac{-\mathrm{i}\sin(xt) + 1 - \cos(xt)}{t} \mathrm{d}t \right] \\
&= \frac{1}{\sqrt{2\pi}} \frac{\mathrm{d}}{\mathrm{d}x} \left[\int\limits_0^\infty F(t) \frac{\exp(-\mathrm{i}xt) - 1}{t} \mathrm{d}t + \int\limits_0^\infty F(-t) \frac{\exp(\mathrm{i}xt) - 1}{t} \mathrm{d}t \right] \\
&= \frac{1}{\sqrt{2\pi}} \frac{\mathrm{d}}{\mathrm{d}x} \left[\int\limits_0^\infty \mathrm{sgn}(t) F(t) \frac{\exp(-\mathrm{i}xt) - 1}{t} \mathrm{d}t + \int\limits_{-\infty}^0 \mathrm{sgn}(t) F(t) \frac{\exp(-\mathrm{i}xt) - 1}{t} \mathrm{d}t \right] \\
&= \frac{1}{\sqrt{2\pi}} \frac{\mathrm{d}}{\mathrm{d}x} \left[-\mathrm{i} \int\limits_{-\infty}^\infty \mathrm{sgn}(t) F(t) \frac{\exp(-\mathrm{i}xt) - 1}{-\mathrm{i}t} \mathrm{d}t \right] \\
&= \mathscr{F}[-\mathrm{i}\ \mathrm{sgn}\ F](x).
\end{aligned}$$

Andererseits ist $g(x)$ auch die Fourier-Transformierte von $G(t)$. Demnach gilt also

$$G(t) = -\mathrm{i}F(t)\mathrm{sgn}(t), \tag{18}$$

beziehungsweise mittels der eingeführten Notation

$$\mathscr{F}^{-1}\big[\mathscr{H}[f]\big](t) = -\mathrm{i}\ \mathrm{sgn}(t)\mathscr{F}^{-1}[f](t). \tag{19}$$

([Tit48], S. 119-120)

3 Titchmarshs Theorem

Nachdem bis hierhin einige wichtige Definitionen und Sätze bereitgestellt wurden, kann das Theorem von Titchmarsh nun schlussendlich formuliert und im Anschluss daran bewiesen werden.

Theorem 10 (Titchmarsh Thm. 95 [Tit48], S. 128). *Sei $P : \mathbb{R} \to \mathbb{C}$, mit $P(x) = f(x) - \mathrm{i}g(x)$ gegeben und seien $f, g : \mathbb{R} \to \mathbb{R}$ quadratintegrierbare Funktionen, also $f, g \in L^2(\mathbb{R})$. Dann sind folgende Aussagen äquivalent:*

a) *Es existiert eine Funktion $\Psi : \mathbb{C} \to \mathbb{C}$ des Hardy-Raums $H^2(\mathbb{H})$, mit $\Psi(z) = U(x,y) + \mathrm{i}V(x,y)$, sodass für fast alle Werte von x die Funktion $\Psi(x + \mathrm{i}y)$ für $y \to 0$ gegen $P(x)$ konvergiert.*

b) $-\mathrm{Im}$*(P) ist die Hilbert-Transformierte von* $\mathrm{Re}(P)$ *:*

$$g(x) = \mathscr{H}[f](x).$$

c) *Für negative Werte von x verschwindet die Fourier-Transformierte von P, also $\mathscr{F}[P](x) \equiv 0$ für $x < 0$.*

Diese Aussagen sollen nun bewiesen werden. Dafür sollen die einzelnen Behauptungen in den folgenden Abschnitten Schritt für Schritt miteinander verbunden und somit abschließend deren Äquivalenz bestätigt werden. Es wird sich herausstellen, dass die bis hierhin getroffene Definition einer Hilbert-Transformierten etwas ausgebaut werden muss, um die zweite Aussage des Theorems mit der ersten Aussage zu verknüpfen. Dieser Schritt wird sich als der schwerste herausstellen. Allerdings lässt sich bereits mit den rudimentären Erläuterungen aus Abschn. 2.4 ein Teil der obigen Aussage beweisen. Dies soll im Folgenden geschehen.

3.1 Beweis 1. Teil ($c \Rightarrow b$)

Es soll nun also mit dem wohl leichtesten Teil des Beweises begonnen werden. Dieser ergibt sich wie bereits erwähnt unmittelbar aus Abschn. 2.4 und den darin ausgeführten Erläuterungen.

Beweis. Sei also $\phi(x)$ die Fourier-Transformierte von $P(x) = f(x) - \mathrm{i}g(x)$. Nach

Voraussetzung gilt für negative Werte von x dann:

$$\begin{aligned}
0 \equiv \phi(x) &= \underset{a\to\infty}{\text{l.i.m.}} \frac{1}{\sqrt{2\pi}} \int_{-a}^{a} [f(u) - \mathrm{i}g(u)]\mathrm{e}^{-\mathrm{i}ux}\mathrm{d}u \\
&= \underset{a\to\infty}{\text{l.i.m.}} \frac{1}{\sqrt{2\pi}} \int_{-a}^{a} f(u)\mathrm{e}^{-\mathrm{i}ux}\mathrm{d}u - \underset{a\to\infty}{\text{l.i.m.}} \frac{1}{\sqrt{2\pi}} \int_{-a}^{a} \mathrm{i}g(u)\mathrm{e}^{-\mathrm{i}ux}\mathrm{d}u \\
&= F(-x) - \mathrm{i}G(-x) \quad (x < 0). \qquad (20)
\end{aligned}$$

Dabei stellen F bzw. G jeweils die Invers-Fourier-Transformierten von f bzw. g dar. Gleichung (20) gilt für negative Werte von x. Äquivalent dazu lässt sich also schreiben:

$$F(x) - \mathrm{i}G(x) = 0 \qquad (x > 0).$$

Betrachtet man nun Gl. (14), so lässt sich die Funktion $F(x)$ offenbar schreiben als:

$$F(x) = \sqrt{\frac{\pi}{2}}[a(x) + \mathrm{i}b(x)].$$

Analog lässt sich auch die Funktion $G(x)$ in dieser Form als

$$G(x) = \sqrt{\frac{\pi}{2}}[\alpha(x) + \mathrm{i}\beta(x)]$$

notieren, wobei die Funktionen α, β zunächst völlig unabhängig von a, b sind. Setzt man allerdings diese beiden Beziehungen in Gl. (20) ein, so führt dies auf folgende Aussage:

$$a(x) + \mathrm{i}b(x) - \mathrm{i}[\alpha(x) + \mathrm{i}\beta(x)] \equiv 0 \quad (x > 0).$$

Diese Beziehung kann aber nur erfüllt sein, falls für positive Werte von x die Bedingungen $a(x) = -\beta(x)$ und $b(x) = \alpha(x)$ erfüllt sind. Vergleicht man dies nun mit der Definition der Hilbert-Transformierten, also den Gln. (15) sowie (16), so folgt daraus, dass $g(u)$ die Hilbert-Transformierte von $f(u)$ ist und die Behauptung ist bewiesen (vgl. [Tit48], S. 129). □

3.2 Beweis 2. Teil ($b \Rightarrow a$)

Mittels der obigen Erläuterungen wäre also der erste Teil bewiesen. Wie bereits angekündigt, sind für den Beweis des zweiten Teils weitere Erläuterungen zum Begriff der Hilbert-Transformierten notwendig. Diese notwendigen Aussagen drücken sich in Titchmarshs Theoremen 90-92 aus, weshalb es notwendig ist, diese nun zu erläutern und zu beweisen.

3.2.1 Theorem 90

Theorem 11 (Titchmarsh Thm. 90 [Tit48], S. 121). *Sei $f : \mathbb{R} \to \mathbb{R}$ eine quadratintegrierbare Funktion aus $L^2(\mathbb{R})$. Dann wird durch*

$$\mathscr{H}[f](x) := \widetilde{g}(x) = -\frac{1}{\pi}\frac{\mathrm{d}}{\mathrm{d}x}\int_{-\infty}^{\infty} f(t)\ln\left|1-\frac{x}{t}\right|\mathrm{d}t$$

für fast alle x eine Funktion $\widetilde{g}(x)$ definiert, die auch in $L^2(\mathbb{R})$ liegt. Ebenso ist die reziproke Formel

$$f(x) = \frac{1}{\pi}\frac{\mathrm{d}}{\mathrm{d}x}\int_{-\infty}^{\infty} \widetilde{g}(t)\ln\left|1-\frac{x}{t}\right|\mathrm{d}t$$

für fast alle x definiert. Außerdem sind die beiden Integrale

$$\int_{-\infty}^{\infty} [\widetilde{g}(x)]^2\mathrm{d}x = \int_{-\infty}^{\infty} [f(x)]^2\mathrm{d}x$$

identisch.

Beweis. Sei $F(x) := \mathscr{F}^{-1}[f](x)$ bzw. $\widetilde{G}(x) := -\mathrm{i}F(x)\mathrm{sgn}(x)$ die Invers-Fourier-Transformierte von $f(x)$ bzw. $\widetilde{g}(x)$. Dann muss zunächst festgehalten werden, dass aus $f \in L^2(\mathbb{R})$ auch $F = \mathscr{F}^{-1}[f] \in L^2(\mathbb{R})$ folgt. Da außerdem $F(x)$ und $G(x)$ über Gl. (18) miteinander verknüpft sind, gilt demnach

$$||f||_{L^2} = ||F||_{L^2} = ||G||_{L^2} = ||g||_{L^2} < \infty. \tag{21}$$

Zunächst soll aber $\widetilde{g}$ genauer untersucht werden. Wegen Gl. (5) gilt:

$$\begin{aligned}\widetilde{g}(x) &= \frac{1}{\sqrt{2\pi}}\frac{\mathrm{d}}{\mathrm{d}x}\int_{-\infty}^{\infty}\widetilde{G}(y)\frac{\exp(-\mathrm{i}xy)-1}{-\mathrm{i}y}\mathrm{d}y\\ &= \frac{1}{\sqrt{2\pi}}\frac{\mathrm{d}}{\mathrm{d}x}\left[-\mathrm{i}\int_{-\infty}^{\infty}F(y)\,\mathrm{sgn}(y)\,\frac{\exp(-\mathrm{i}xy)-1}{-\mathrm{i}y}\mathrm{d}y\right]\\ &= \frac{1}{\sqrt{2\pi}}\frac{\mathrm{d}}{\mathrm{d}x}\int_{-\infty}^{\infty}F(y)\frac{\exp(-\mathrm{i}xy)-1}{|y|}\mathrm{d}y.\end{aligned} \tag{22}$$

Definiert man nun $H(x,y) := [\exp(-\mathrm{i}xy) - 1]/|y|$, dann ist dessen Fourier-Transformierte wie folgt gegeben:

$$\begin{aligned}\mathscr{F}[H](x,u) &= \frac{1}{\sqrt{2\pi}} \int\limits_{-\infty}^{\infty} \frac{\exp(-\mathrm{i}xy) - 1}{|y|} \mathrm{e}^{-\mathrm{i}uy} \mathrm{d}y \\ &= \frac{1}{\sqrt{2\pi}} \int\limits_{-\infty}^{\infty} \frac{\cos[(u+x)y] - \mathrm{i}\sin[(u+x)y] - \cos(uy) + \mathrm{i}\sin(uy)}{|y|} \mathrm{d}y.\end{aligned}$$

Aus Symmetriegründen verschwinden die Integrale über die Sinusfunktionen und die Integrale über die Kosinusfunktionen lassen sich zu folgendem Integral zusammenfassen:

$$\mathscr{F}[H](x,u) = \sqrt{\frac{2}{\pi}} \int\limits_{0}^{\infty} \frac{\cos[(u+x)y] - \cos(uy)}{y} \mathrm{d}y.$$

Dieses Integral lässt sich nun wiederum mit einfachen Substitutionen und Umformungen wie folgt schreiben:

$$\begin{aligned}\mathscr{F}[H](x,u) &= \sqrt{\frac{2}{\pi}} \lim_{\delta \to 0} \int\limits_{\delta}^{\infty} \frac{\cos[(u+x)y] - \cos(uy)}{y} \mathrm{d}y \\ &= \sqrt{\frac{2}{\pi}} \lim_{\delta \to 0} \left[\int\limits_{\delta|x+u|}^{\infty} \frac{\cos\nu}{\nu} \mathrm{d}\nu - \int\limits_{\delta|u|}^{\infty} \frac{\cos\nu}{\nu} \mathrm{d}\nu \right] \\ &= \sqrt{\frac{2}{\pi}} \lim_{\delta \to 0} \int\limits_{\delta|x+u|}^{\delta|u|} \frac{\cos\nu}{\nu} \mathrm{d}\nu.\end{aligned}$$

Diese Gleichung lässt sich nun beispielsweise mit Hilfe des Mittelwertsatzes der Integralrechnung ([For01], S. 184) in folgende Form bringen:

$$\sqrt{\frac{2}{\pi}} \lim_{\delta \to 0} \int\limits_{\delta|x+u|}^{\delta|u|} \frac{\cos\nu}{\nu} \mathrm{d}\nu = \sqrt{\frac{2}{\pi}} \lim_{\delta \to 0} \left(\cos\xi \int\limits_{\delta|x+u|}^{\delta|u|} \frac{1}{\nu} \mathrm{d}\nu \right),$$

wobei ξ zwischen $\delta|x+u|$ und $\delta|u|$ liegt. Dementsprechend gilt $\cos(\xi) \to 1$ und das Integral lässt sich schlussendlich zu

$$\mathscr{F}[H](x,u) = \lim_{\delta \to 0} \sqrt{\frac{2}{\pi}} \int\limits_{\delta|x+u|}^{\delta|u|} \frac{1}{\nu} \mathrm{d}\nu = \sqrt{\frac{2}{\pi}} \ln\left|\frac{u}{x+u}\right| \tag{23}$$

berechnen. Verwendet man nun Parsevals Theorem (Thm. 6), so führt dies auf:

$$\int_{-\infty}^{\infty} F(y) \frac{\exp(-ixy) - 1}{|y|} \mathrm{d}y = \sqrt{\frac{2}{\pi}} \int_{-\infty}^{\infty} f(t) \ln \left| \frac{t}{x-t} \right| \mathrm{d}t.$$

Eingesetzt in Gl. (22) folgt somit

$$\mathscr{H}[f](x) := \widetilde{g}(x) = -\frac{1}{\pi} \frac{\mathrm{d}}{\mathrm{d}x} \int_{-\infty}^{\infty} f(t) \ln \left| 1 - \frac{x}{t} \right| \mathrm{d}t \tag{24}$$

und die erste Behauptung ist bewiesen. Die reziproke Formel ergibt sich einfach aufgrund von Gl. (17) und der Tatsache, dass auch $\widetilde{g}(x)$ wegen Gl. (21) quadratintegrabel ist. Die Gleichheit der Integrale ergibt sich per definitionem aus den Invers-Fourier-Transformierten $F(x)$ bzw. $G(x)$. □

Mit Hilfe des obigen Theorems hat man also eine konkrete Verbindung zwischen einer Funktion und ihrer Hilbert-Transformierten gegeben. Eine weitere Darstellungsmöglichkeit wird mit Hilfe von Titchmarshs Theorem 91 geliefert werden. Allerdings soll zunächst das folgende Theorem erläutert werden, da es zum Beweis des 91. Theorems benötigt wird.

3.2.2 Theorem 92

Theorem 12 (Titchmarsh Thm. 92 [Tit48], S. 124). *Sei eine Funktion $f : \mathbb{R} \to \mathbb{R}$ derart gegeben, dass $f(x)$ in $L(0,1)$ und $x^{-1} f(x)$ in $L(1,\infty)$ liegen. Außerdem sei eine Funktion $V(x,y)$ durch*

$$V(x,y) = -\frac{1}{\pi} \int_{-\infty}^{\infty} \frac{f(t)(t-x)}{(t-x)^2 + y^2} \mathrm{d}t$$

gegeben. Dann konvergiert

$$\lim_{y \to 0} \left[V(x,y) + \frac{1}{\pi} \int_{y}^{\infty} \frac{f(x+t) - f(x-t)}{t} \mathrm{d}t \right] = 0 \tag{25}$$

für fast alle Werte von x.

Beweis. Es gelte zunächst o.B.d.A. $y \geq 0$. Darüber hinaus sei w(x,y) definiert durch:

$$w(x,y) = \int_{0}^{y} |f(x+t) - f(x-t)| \mathrm{d}t.$$

Nach dem Mittelwertsatz der Differentialrechnung ([For01], S. 155) gilt dann offenbar:

$$\frac{w(x,y)}{y} = \frac{w(x,y) - w(x,0)}{y-0} = |f(x+\xi) - f(x-\xi)| \text{ mit } \xi \in (0,y).$$

Nach Voraussetzung gilt also

$$\lim_{y\to 0} \frac{w(x,y)}{y} = 0 \text{ und somit } w(x,y) = o(y) \tag{26}$$

für fast alle x. Sei nun im Weiteren x ein Punkt, der obige Bedingung erfüllt. Zunächst wird nun $V(x,y)$ vermöge einer geeigneten Substitution in folgende Form überführt:

$$V(x,y) = -\frac{1}{\pi} \int_0^\infty \frac{t}{t^2+y^2}[f(x+t) - f(x-t)]\mathrm{d}t.$$

In dieser Form lässt sich der Ausdruck innerhalb der eckigen Klammer aus Gl. (25) in

$$\begin{aligned} V(x,y) &+ \frac{1}{\pi} \int_y^\infty \frac{f(x+t) - f(x-t)}{t}\mathrm{d}t \\ &= -\frac{1}{\pi} \int_0^y \frac{t}{t^2+y^2}[f(x+t) - f(x-t)]\mathrm{d}t \\ &\quad + \frac{y^2}{\pi} \int_y^1 \frac{f(x+t) - f(x-t)}{(t^2+y^2)t}\mathrm{d}t + \frac{y^2}{\pi} \int_1^\infty \frac{f(x+t) - f(x-t)}{(t^2+y^2)t}\mathrm{d}t \\ &=: J_1 + J_2 + J_3 \end{aligned}$$

aufteilen. Das Verhalten dieser drei Summanden soll nun im Folgenden für $y \to 0$ untersucht werden. Betrachtet man zunächst J_1, so gilt sicherlich

$$\left|\frac{t}{t^2+y^2}\right| \le \frac{1}{2y} \text{ für } t \in [0,y].$$

Denn der linke Teil ist in dem besagten Bereich monoton steigend und nimmt bei $t = y$ den Wert $1/2y$ an. Demnach lässt sich $|J_1|$ durch

$$|J_1| \le \frac{1}{2\pi y} \int_0^y |f(x+t) - f(x-t)|\mathrm{d}t = \frac{w(x,y)}{2\pi y}$$

abschätzen. Demgemäß führt Gl. (26) darauf, dass $|J_1| = o(1)$ ist. Für den zweiten Summanden ergibt sich mittels partieller Integration folgende Abschätzung:

$$\begin{aligned}
|J_2| \leq & \frac{y^2}{\pi} \int_y^1 \frac{|f(x+t) - f(x-t)|}{(t^2+y^2)t} \mathrm{d}t \\
= & \frac{y^2}{\pi} \left[\frac{\int |f(x+t) - f(x-t)| \mathrm{d}t}{(t^2+y^2)t} \right]_y^1 \\
+ & \frac{y^2}{\pi} \int_y^1 \left[\frac{3t^2+y^2}{(t^2+y^2)^2 t^2} \int |f(x+t) - f(x-t)| \mathrm{d}t \right] \mathrm{d}t \\
= & \frac{y^2}{\pi} \left[\frac{1}{(t^2+y^2)t} \int_0^t |f(x+a) - f(x-a)| \mathrm{d}a \right]_y^1 \\
+ & \frac{y^2}{\pi} \int_y^1 \left[\frac{3t^2+y^2}{(t^2+y^2)^2 t^2} \int_0^t |f(x+a) - f(x-a)| \mathrm{d}a \right] \mathrm{d}t \\
= & \frac{y^2}{\pi} \left[\frac{w(x,t)}{(t^2+y^2)t} \right]_y^1 + \frac{y^2}{\pi} \int_y^1 \frac{3t^2+y^2}{(t^2+y^2)^2 t^2} w(x,t) \mathrm{d}t \\
= & \frac{y^2}{\pi} \left[\frac{w(x,1)}{1+y^2} - \frac{w(x,y)}{2y^3} \right] + \frac{y^2}{\pi} \int_y^1 \frac{3t^2+y^2}{(t^2+y^2)^2 t^2} w(x,t) \mathrm{d}t.
\end{aligned}$$

Aufgrund der Tatsache, dass $w(x,y) \geq 0$ und dass $w(x,y)$ die Gl. (26) erfüllt, lassen sich die beiden Summanden somit folgendermaßen abschätzen:

$$|J_2| \leq \frac{y^2}{\pi} \frac{w(x,1)}{1+y^2} + o\left(y^2 \int_y^1 \frac{3t^2+y^2}{(t^2+y^2)^2 t} \mathrm{d}t \right).$$

Nimmt man nun im zweiten Summanden die Substitution $t = uy$ vor, so ergibt sich schlussendlich:

$$\begin{aligned}
|J_2| & \leq \frac{y^2}{\pi} \frac{w(x,1)}{1+y^2} + o\left(y^2 \int_1^{1/y} \frac{[3(uy)^2+y^2]y}{[(uy)^2+y^2]^2 uy} \mathrm{d}u \right) \\
& \leq O(y^2) + o\left(\int_1^{1/y} \frac{3u^2+1}{(u^2+1)^2 u} \mathrm{d}u \right) \\
& = o(1).
\end{aligned}$$

Man erkennt leicht, dass der dritte Summand J_3 für immer kleinere Werte von y verschwindet. Demnach gilt also

$$o\left(V(x,y) + \frac{1}{\pi}\int\limits_{y}^{\infty} \frac{f(x+t) - f(x-t)}{t}\mathrm{d}t\right) = o\Big(J_1 + J_2 + J_3\Big) = o(1)$$

und die Behauptung ist bewiesen. □

Nachdem das obige Theorem bewiesen wurde, kann im Folgenden eine weitere sehr hilfreiche Darstellung der Hilbert-Transformierten erarbeitet werden.

3.2.3 Theorem 91

Theorem 13 (Titchmarsh Thm. 91 [Tit48], S. 122). *Sei $f : \mathbb{R} \to \mathbb{R}$ eine Funktion, sodass $f(x) \in L^2(\mathbb{R})$. Dann wird durch*

$$\mathscr{H}[f](x) = g(x) = \frac{1}{\pi} \lim_{\delta \to 0^+} \int\limits_{\delta}^{\infty} \frac{f(x+t) - f(x-t)}{t}\mathrm{d}t \tag{27}$$

fast überall eine Funktion $g(x)$ definiert, welche auch in $L^2(-\infty, \infty)$ liegt. Die Umkehrformel

$$f(x) = -\frac{1}{\pi} \lim_{\delta \to 0^+} \int\limits_{\delta}^{\infty} \frac{g(x+t) - g(x-t)}{t}\mathrm{d}t \tag{28}$$

ist auch fast überall definiert und es gilt zudem:

$$\int\limits_{-\infty}^{\infty} [f(x)]^2 \mathrm{d}x = \int\limits_{-\infty}^{\infty} [g(x)]^2 \mathrm{d}x. \tag{29}$$

Die so definierte Funktion $g(x)$ ist äquivalent zu der in Theorem 90 (s. Abschn. 3.2.1) definierten Funktion $\widetilde{g}(x)$.

Beweis. Es seien zunächst zwei Funktionen $a(t)$ und $b(t)$ wie folgt gegeben:

$$a(t) = \frac{1}{\sqrt{2\pi}}\Big[F(t) + F(-t)\Big], \tag{30}$$

$$b(t) = \frac{1}{\mathrm{i}\sqrt{2\pi}}\Big[F(t) - F(-t)\Big], \tag{31}$$

wobei $F(t)$ die Invers-Fourier-Transformierte zu $f(x)$ im Sinne einer Funktion $f \in L^2(\mathbb{R})$ beschreibt. Es lässt sich mittels dieser Definition leicht einsehen, dass

$$a(t) - \mathrm{i}b(t) = \sqrt{\frac{2}{\pi}} F(-t) \tag{32}$$

gilt. Definiert man nun zusätzlich $H(t, z)$ durch

$$H(t, z) = \exp(\mathrm{i}zt)\Theta(t), \tag{33}$$

dann ist $H(t, z) \in L^1(-\infty, \infty)$ in t für positiven Imaginärteil von z. Weiter ergibt sich die Fourier-Transformierte $h(u, z)$ in diesem Fall durch:

$$h(u, z) := \mathscr{F}[H](u, z) = \frac{1}{\sqrt{2\pi}} \int_{-\infty}^{\infty} \exp(\mathrm{i}zt - \mathrm{i}tu)\Theta(t)\mathrm{d}t = \frac{1}{\mathrm{i}\sqrt{2\pi}(u - z)}. \tag{34}$$

Sei nun $\Psi(z)$ durch

$$\Psi(z) = \int_{0}^{\infty} [a(t) - ib(t)] \exp(\mathrm{i}zt)\mathrm{d}t \tag{35}$$

gegeben, so lässt sich diese Funktion mittels Gl. (32) und Gl. (33) in

$$\Psi(z) = \sqrt{\frac{2}{\pi}} \int_{-\infty}^{\infty} F(-t)H(t, z)\mathrm{d}t \tag{36}$$

umschreiben. Zunächst soll nun $\Psi(z)$ mit Hilfe eines Integrals über $f(t)$ dargestellt werden. Dafür wendet man auf den obigen Ausdruck nun Parsevals Formel (Thm. 6) an und es ergibt sich

$$\Psi(z) = \sqrt{\frac{2}{\pi}} \int_{-\infty}^{\infty} f(t) \frac{1}{\mathrm{i}\sqrt{2\pi}(t - z)} \mathrm{d}t = \frac{1}{\pi \mathrm{i}} \int_{-\infty}^{\infty} \frac{f(t)}{t - z} \mathrm{d}t \quad [\mathrm{Im}(z) > 0]. \tag{37}$$

Betrachtet man nun den Realteil $U(x, y)$ bzw. den Imaginärteil $V(x, y)$ von $\Psi(z)$, so lassen sich diese schreiben als:

$$U(x, y) = \frac{y}{\pi} \int_{-\infty}^{\infty} \frac{f(t)}{(t - x)^2 + y^2} \mathrm{d}t, \tag{38}$$

$$V(x, y) = -\frac{1}{\pi} \int_{-\infty}^{\infty} \frac{f(t)(t - x)}{(t - x)^2 + y^2} \mathrm{d}t. \tag{39}$$

Untersucht man an dieser Stelle andererseits die Funktion $\widetilde{g}$ aus Theorem 90 (s. Abschn. 3.2.1), so ist $\widetilde{g} = \mathscr{H}[f](x)$ und die Funktionen $\widetilde{G} = \mathscr{F}^{-1}[\widetilde{g}]$ und F erfüllen somit Gl. (18). Nutzt man diese Tatsache aus, so lässt sich Gl. (36) folgendermaßen umschreiben:

$$\begin{aligned}\Psi(z) &= -\mathrm{i}\sqrt{\frac{2}{\pi}}\int_{-\infty}^{\infty}\widetilde{G}(-t)H(t,z)\mathrm{d}t = -\mathrm{i}\sqrt{\frac{2}{\pi}}\int_{-\infty}^{\infty}\widetilde{g}(t)h(t,z)\mathrm{d}t\\ &= -\frac{1}{\pi}\int_{-\infty}^{\infty}\frac{\widetilde{g}(t)}{t-z}\mathrm{d}t.\end{aligned}$$

Betrachtet man nun erneut den Imaginär- bzw. den Realteil der Funktion $\Psi(z)$, so ergibt sich:

$$U(x,y) = -\frac{1}{\pi}\int_{-\infty}^{\infty}\frac{\widetilde{g}(t)(t-x)}{(t-x)^2+y^2}\mathrm{d}t, \tag{40}$$

$$V(x,y) = -\frac{y}{\pi}\int_{-\infty}^{\infty}\frac{\widetilde{g}(t)}{(t-x)^2+y^2}\mathrm{d}t. \tag{41}$$

Mit Hilfe von Thm. 8 folgt nun aus Gl. (38), dass $U(x,y) \to f(x)$ für $y \to 0$ und analog folgt aus Gl. (41), dass $V(x,y) \to -\widetilde{g}(x)$ für $y \to 0$.[3] Dabei konvergieren $U(x,y)$ und $V(x,y)$ für fast alle x. Es bleibt nun noch zu zeigen, dass die beiden Funktionen $g(x)$ und $\widetilde{g}(x)$ identisch sind. Die Identität der quadratischen Integrale folgt dann aus Theorem 90 (s. Abschn. 3.2.1). Um dies zu bewerkstelligen, soll nun das vorangestellte Theorem 92 (s. Abschn. 3.2.2) verwendet werden. Nach Voraussetzung ist aber $f \in L^2(\mathbb{R})$, wodurch

$$\int_0^1 f(x)\mathrm{d}x = \int_0^1 1\cdot f(x)\mathrm{d}x \leq \sqrt{\int_0^1 |f(x)|^2\mathrm{d}x\int_0^1 1^2\mathrm{d}x} < K \tag{42}$$

und ebenso

$$\int_1^{\infty}\frac{1}{x}f(x)\mathrm{d}x \leq \sqrt{\int_1^{\infty}|f(x)|^2\mathrm{d}x\int_1^{\infty}x^{-2}\mathrm{d}x} < K \tag{43}$$

gilt. Demzufolge kann Theorem 92 verwendet werden und $V(x,y)$ konvergiert gegen $-g(x)$ fast überall. Demnach ist die Behauptung bewiesen. □

[3] Um Thm. 8 anwenden zu können, muss korrekterweise noch die Analytizität von U bzw. V gezeigt werden. Dies wird am Ende des Abschnittes nachgeliefert, indem gezeigt wird, dass Ψ ein Element des $H^2(\mathbb{H})$-Raums ist.

Im Zuge der Theoreme 90-92 wurde also bewiesen, dass man ein Paar Hilbert-Transformierter Funktionen f bzw. g als den Grenzwert des Realteils $U(x,y) \to f(x)$ bzw. des Imaginärteils $V(x,y) \to -g(x)$ einer Funktion $\Psi(z)$ betrachten kann. Nun lässt sich $P(x)$ als die Grenzfunktion $\Psi(z) \to P(x)$ für $y \to 0$ definieren. Um die gewünschte Richtung des Titchmarsh'schen Theorems zu beweisen muss dementsprechend noch gezeigt werden, dass $\Psi(z)$ ein Element des quadratischen Hardy-Raumes $H^2(\mathbb{H})$ ist. Untersucht man allerdings Gl. (36) und setzt $H(t,z)$ explizit gemäß Gl. (33) ein, so führt dies auf folgenden Ausdruck:

$$\Psi(z) = \int_0^\infty F(-t)\mathrm{e}^{\mathrm{i}zt}\mathrm{d}t.$$

Da nun aber $F(t) \in L^2(-\infty,\infty)$ und somit ebenso $F(-t) \in L^2(-\infty,\infty)$ ist, kann das Theorem von Paley-Wiener (Thm. 9) verwendet werden und es folgt, dass $\Psi(z)$ ein Element des quadratischen Hardy-Raumes $H^2(\mathbb{H})$ darstellt, wodurch die Aussage bewiesen wäre.
Bevor nun das Theorem abschließend bewiesen wird, sei an dieser Stelle noch angemerkt, dass für die Hilbert-Transformierte einer Funktion $f(x)$ häufig anstelle von Gl. (27) eine andere Notation verwendet wird. Untersucht man nämlich die besagte Gleichung, so lässt sich diese folgendermaßen umformen:

$$\begin{aligned}
g(x) &= \frac{1}{\pi}\lim_{\delta\to 0^+}\int_\delta^\infty \frac{f(x+t)-f(x-t)}{t}\mathrm{d}t \\
&= \frac{1}{\pi}\lim_{\delta\to 0^+}\left[\int_\delta^\infty \frac{f(x+t)}{t}\mathrm{d}t - \int_\delta^\infty \frac{f(x-t)}{t}\mathrm{d}t\right] \\
&= \frac{1}{\pi}\lim_{\delta\to 0^+}\left[\int_{x+\delta}^\infty \frac{f(u)}{u-x}\mathrm{d}u + \int_{-\infty}^{x-\delta} \frac{f(u)}{u-x}\mathrm{d}u\right] \\
&=: \frac{1}{\pi}\mathrm{C.H.}\int_{-\infty}^\infty \frac{f(u)}{u-x}\mathrm{d}u.
\end{aligned}$$

Hierbei wird „C.H.“ als der *Cauchy'sche Hauptwert* bezeichnet (vgl. [Fri09], S. 155). Mittels dieser Notation und Gl. (17), lässt sich zudem die Aussage b)

des Titchmarsh'schen Theorems folgendermaßen erweitern. Es gilt:

$$\mathrm{Re}[P(x)] = \frac{1}{\pi}\,\mathrm{C.H.}\int\limits_{-\infty}^{\infty} \frac{\mathrm{Im}[P(u)]}{u-x}\mathrm{d}u, \tag{44}$$

$$\mathrm{Im}[P(x)] = -\frac{1}{\pi}\,\mathrm{C.H.}\int\limits_{-\infty}^{\infty} \frac{\mathrm{Re}[P(u)]}{u-x}\mathrm{d}u. \tag{45}$$

3.3 Beweis 3. Teil $(a \Rightarrow c)$

Es soll nun also gezeigt werden, dass, unter den in a) gegebenen Voraussetzungen, die Fourier-Transformierte von $P(x)$ für negative Werte von x verschwindet. Dafür ist es zunächst hilfreich das folgende Lemma zu betrachten.

Lemma 1 ([Tit48], S. 125). *Sei $\Psi(z) : \mathbb{H} \to \mathbb{C}$ in der oberen Halbebene $\mathbb{H}$ holomorph und sei*

$$\int\limits_{-\infty}^{\infty} |\Psi(x+\mathrm{i}y)|^p \mathrm{d}x \quad (p > 1)$$

existent und beschränkt für $0 < y_1 \leq y \leq y_2$. Dann konvergiert $\Psi(x+\mathrm{i}y) \to 0$ für $x \to \pm\infty$ gleichmäßig für $y_1 + \delta \leq y \leq y_2 - \delta$.

Beweis. Sei nun also $0 < y_1 \leq y \leq y_2$ und $z \in \mathbb{H}$, dann lässt sich $\Psi(z)$ vermöge der Cauchy'schen Integralformel als

$$\Psi(z) = \frac{1}{2\pi\mathrm{i}} \int\limits_{|\omega - z| = \rho} \frac{\Psi(\omega)}{\omega - z}\mathrm{d}\omega \;\text{ mit }\; 0 < \rho \leq \delta \tag{46}$$

schreiben. Der Integrationsweg beschreibt dabei – für hinreichend kleine δ – einen Kreis mit Mittelpunkt z und Radius ρ, welcher vollständig innerhalb der oberen Halbebene liegt. Der Weg lässt sich also folgendermaßen parametrisieren:

$$\gamma = z + \rho\mathrm{e}^{\mathrm{i}\phi} \;\text{ mit }\; \frac{\partial\gamma}{\partial\phi} = \mathrm{i}\rho\mathrm{e}^{\mathrm{i}\phi} \;\text{ und }\; \phi \in [0, 2\pi].$$

Berücksichtigt man nun diese Parametrisierung, so führt dies mittels Gl. (46) auf:

$$\begin{aligned}\Psi(z) &= \frac{1}{2\pi\mathrm{i}} \int\limits_{0}^{2\pi} \frac{\Psi(z+\rho\mathrm{e}^{\mathrm{i}\phi})}{z+\rho\mathrm{e}^{\mathrm{i}\phi} - z}\mathrm{i}\rho\mathrm{e}^{\mathrm{i}\phi}\mathrm{d}\phi \\ &= \frac{1}{2\pi} \int\limits_{0}^{2\pi} \Psi(z+\rho\mathrm{e}^{\mathrm{i}\phi})\mathrm{d}\phi.\end{aligned}$$

Im Folgenden soll nun $\frac{1}{2}\delta^2\Psi(z)$ untersucht werden. Aufgrund der obigen Beziehung lässt sich dies als das Produkt zweier Integrale zu

$$\frac{1}{2}\delta^2\Psi(z) = \frac{1}{2\pi}\int_0^\delta \rho\,\mathrm{d}\rho \int_0^{2\pi} \Psi(z+\rho e^{i\phi})\mathrm{d}\phi = \frac{1}{2\pi}\int_0^\delta\int_0^{2\pi} \rho\,\Psi(z+\rho e^{i\phi})\mathrm{d}\phi\mathrm{d}\rho$$

schreiben. Mit Hilfe der Hölder'schen Ungleichung (vgl. [For12], S. 131) wird nun $|\frac{1}{2}\delta^2\Psi(z)|$ wie folgt abgeschätzt:

$$\begin{aligned}
\left|\frac{1}{2}\delta^2\Psi(z)\right| &\leq \frac{1}{2\pi}\int_0^\delta\int_0^{2\pi} \left|\rho\,\Psi(z+\rho e^{i\phi})\right|\mathrm{d}\phi\mathrm{d}\rho \\
&= \frac{1}{2\pi}\int_0^\delta\int_0^{2\pi} \left|\rho^{\frac{1}{p}}\,\Psi(z+\rho e^{i\phi})\,\rho^{1-\frac{1}{p}}\right|\mathrm{d}\phi\mathrm{d}\rho \\
&\leq \frac{1}{2\pi}\left[\int_0^\delta\int_0^{2\pi} \rho\left|\Psi(z+\rho e^{i\phi})\right|^p\mathrm{d}\phi\mathrm{d}\rho\right]^{\frac{1}{p}}\left[\int_0^\delta\int_0^{2\pi}\rho\,\mathrm{d}\phi\mathrm{d}\rho\right]^{1-\frac{1}{p}}.
\end{aligned} \tag{47}$$

Die von Ψ unabhängigen Faktoren lassen sich nun zusammenfassen. Diese sind durch

$$\frac{1}{2\pi}\left[\int_0^\delta\int_0^{2\pi}\rho\,\mathrm{d}\phi\mathrm{d}\rho\right]^{1-\frac{1}{p}} = \frac{(\pi\delta^2)^{1-\frac{1}{p}}}{2\pi} =: K(\delta)$$

gegeben. Darüber hinaus ist der Integrand des 1. Faktors der Gl. (47) nicht negativ, sodass sich das Flächenintegral vergrößert, wenn man die „Integrationsfläche“ erweitert. Nun liegt aber nach Voraussetzung der Kreis mit Mittelpunkt $z = x + iy$ und Radius δ vollständig innerhalb des Rechteckes mit den Punkten $x \pm \delta + iy_1$ und $x \pm \delta + iy_2$. Demnach lässt sich Gl. (47) nach dem Übergang von Polarkoordinaten in kartesische Koordinaten folgendermaßen abschätzen:

$$\frac{1}{2}\delta^2|\Psi(z)| \leq K(\delta)\left[\int_{y_1}^{y_2}\int_{x-\delta}^{x+\delta} |\Psi(u+iv)|^p\mathrm{d}u\mathrm{d}v\right]^{\frac{1}{p}}.$$

Nun ist aber

$$\int_{x-\delta}^{x+\delta} |\Psi(u+iv)|^p\mathrm{d}u \tag{48}$$

für alle $v \in [y_1, y_2]$ nach Voraussetzung beschränkt. Demnach verschwindet das Integral im Grenzfall $x \to \pm\infty$ für alle v. Folglich konvergiert auch $\Psi(z)$ gleichmäßig gegen Null und die Behauptung ist bewiesen. □

Mit Hilfe dieses Lemmas kann nun auch der letzte Teil des Theorems 95 bewiesen werden.

Beweis. Sei nun also eine Funktion $\Psi : \mathbb{C} \to \mathbb{C}$ mit $\Psi(z) \in H^2(\mathbb{H})$ gegeben. Außerdem sei p_a durch

$$p_a(t, y) = \frac{1}{\sqrt{2\pi}} \int_{-a}^{a} \Psi(z) \mathrm{e}^{-\mathrm{i}tx} \mathrm{d}x \tag{49}$$

definiert und konvergent gegen eine Funktion $p(t, y)$ im Sinne eines quadratischen Mittels (vgl. Abschn. 2.2). Zunächst soll jedoch das komplexe Integral

$$\int \Psi(z) \mathrm{e}^{-\mathrm{i}tz} \mathrm{d}z$$

entlang eines Rechteckes mit den Punkten $\pm a + \mathrm{i}y_1$ und $\pm a + \mathrm{i}y_2$ untersucht werden. Dabei soll $0 < y_1 < y_2$ gelten, wodurch das Rechteck vollständig innerhalb der oberen Halbebene $\mathbb{H}$ liegt. Betrachtet man nun das Integral über die rechte Seite, so ist dieses durch

$$\int_{y_1}^{y_2} \mathrm{i}\Psi(a + \mathrm{i}y) \mathrm{e}^{-\mathrm{i}t(a+\mathrm{i}y)} \mathrm{d}y = \mathrm{i}\, \mathrm{e}^{-\mathrm{i}ta} \int_{y_1}^{y_2} \Psi(a + \mathrm{i}y) \mathrm{e}^{ty} \mathrm{d}y$$

gegeben. Mit Hilfe des vorangestellten Lemmas ist ersichtlich, dass das obige Integral im Grenzfall $(a \to \infty)$ verschwindet. Ebenso lässt sich argumentieren, dass das Integral auf der linken Seite verschwindet. Da zudem Ψ holomorph in der oberen Halbebene ist, muss auch die Summe der beiden übrigen Seiten, also

$$\int_{-a}^{a} \Psi(x + \mathrm{i}y_1) \mathrm{e}^{-\mathrm{i}t(x+\mathrm{i}y_1)} \mathrm{d}x - \int_{-a}^{a} \Psi(x + \mathrm{i}y_2) \mathrm{e}^{-\mathrm{i}t(x+\mathrm{i}y_2)} \mathrm{d}x$$

im Grenzfall verschwinden. Somit gilt vermöge Gl. (49) also zunächst

$$\mathrm{e}^{ty_1} p_a(t, y_1) - \mathrm{e}^{ty_2} p_a(t, y_2) \to 0$$

und nach Grenzwertbildung

$$\mathrm{e}^{ty_1} p(t, y_1) = \mathrm{e}^{ty_2} p(t, y_2)$$

für fast alle t. Setzt man nun $y_1 = y$ und $y_2 = 1$, so führt dies auf:

$$p(t, y) = \mathrm{e}^{-ty}\mathrm{e}^{t}p(t, 1) =: \mathrm{e}^{-ty}p(t), \tag{50}$$

womit $p(t)$ unabhängig von y ist. Mittels des Parseval'schen Theorems gilt nun aber:

$$\int_{-\infty}^{\infty} |p(t)|^2\mathrm{e}^{-2ty}\mathrm{d}t = \int_{-\infty}^{\infty} [p(t)\mathrm{e}^{-ty}][p^*(t)\mathrm{e}^{-ty}]\mathrm{d}t = \int_{-\infty}^{\infty} |\Psi(x + \mathrm{i}y)|^2\mathrm{d}x. \tag{51}$$

Betrachtet man nun die obige Gleichung, so ist nach Voraussetzung das Supremum der rechten Seite für $y > 0$ beschränkt. Folglich muss auch die linke Seite insbesondere im Grenzfall $y \to \infty$ beschränkt sein. Untersucht man aber das Integral

$$\int_{-\infty}^{\delta} |p(t)|^2\mathrm{d}t$$

und schätzt dieses folgendermaßen ab:

$$0 \leq \int_{-\infty}^{-\delta} |p(t)|^2\mathrm{d}t \leq \mathrm{e}^{-2\delta y} \int_{-\infty}^{-\delta} |p(t)|^2\mathrm{e}^{-2ty}\mathrm{d}t =: \mathrm{e}^{-2\delta y}K,$$

so verschwindet $K\exp(-2\delta y)$ offensichtlich für $y \to \infty$. Folglich muss auch die linke Seite verschwinden, woraus sich zwangsläufig

$$p(t) \equiv 0 \ \text{ für } \ t < 0 \tag{52}$$

ergibt. Es bleibt nun letztlich noch zu zeigen, dass $p(t)$ auch wirklich die Fourier-Transformierte von $P(x)$ darstellt. Um dies zu zeigen, nehme man nun an, dass $\chi(t)$ die Fourier-Transformierte von $P(x)$ ist. In diesem Fall gilt nach den Voraussetzungen und dem bisher Gezeigten, dass:

$$\int_{-\infty}^{\infty} |\chi(t) - p(t)\mathrm{e}^{-ty}|^2\mathrm{d}t = \int_{-\infty}^{\infty} |P(x) - \Psi(x + \mathrm{i}y)|^2\mathrm{d}x \to 0 \ \ (y \to 0).$$

Daraus folgt aber zunächst

$$\int_{-\infty}^{\infty} |\chi(t) - p(t)|^2\mathrm{d}t = 0$$

und somit $\chi(t) \equiv p(t)$. Daraus ergibt sich also, dass die Fourier-Transformierte von $P(x)$ für negative Werte verschwindet und die Behauptung ist bewiesen (vgl. [Tit48], Thm. 93, 94, S. 125-128). □

Nachdem nun das Titchmarsh'sche Theorem ausführlich dargelegt wurde, sollen einige Anwendungen desselben präsentiert werden. Dabei wird sich immer wieder auf erstaunliche Weise zeigen, wie stark die Trias aus Kausalität, Analytizität und den Hilbert-Transformationen miteinander verknüpft ist. Als einfaches Demonstrationsbeispiel bietet sich dafür eine Beschreibung des – in der Physik allgegenwärtigen – *Harmonischen Oszillators* an.

4 Der gedämpfte harmonische Oszillator

Wird der harmonische Oszillator durch eine zeitabhängige äußere Kraft $f(t)$ (in Einheiten der Masse m) angetrieben, so genügt er folgender Differentialgleichung:

$$\ddot{x}(t) + \gamma\dot{x}(t) + \omega_0^2 x(t) = f(t), \quad (\gamma > 0). \tag{53}$$

Die Bedingung $\gamma > 0$ an den *Reibungskoeffizienten* erscheint physikalisch sofort einleuchtend. Denn sie beschreibt die Erfahrungstatsache, dass die Amplitude eines Schwingers mit fortlaufender Zeit abklingt. Ein negativer Reibungskoeffizient müsste demnach so interpretiert werden, dass sich ein freier Schwinger immer weiter aufschaukelt. Dies widerspräche allen bisher gemachten Erfahrungen. Die Bedeutung dieser Forderung wird im Rahmen der folgenden Betrachtungen noch einmal hervorgehoben werden. Bevor dies jedoch geschieht, soll die angetriebene Schwingung als ein Kausalprozess beschrieben werden. Dabei erscheint es sinnvoll, die antreibende Kraft $f(t)$ als die Ursache und die Auslenkung $x(t)$ als die Wirkung des Prozesses zu identifizieren. Für das weitere Vorgehen ist es zudem hilfreich, die folgenden Definitionen vorzunehmen:

$$X(\omega) := \mathscr{F}^{-1}[x](\omega), \quad F(\omega) := \mathscr{F}^{-1}[f](\omega).$$

Mit Hilfe dieser Bezeichnungen und der Tatsache, dass für die Invers-Fourier-Transformierte der Ableitung

$$\mathscr{F}^{-1}[\dot{x}](\omega) = (-\mathrm{i}\omega)\ \mathscr{F}^{-1}[x](\omega) \tag{54}$$

gilt ([Fri09], S. 165), ergeben sich folgende Ausdrücke:

$$\begin{aligned}
f(t) &= \mathscr{F}\big[F\big](t),\\
x(t) &= \mathscr{F}\big[X\big](t),\\
\dot{x}(t) &= \mathscr{F}\big[\mathscr{F}^{-1}[\dot{x}]\big](t) = \mathscr{F}\big[(-\mathrm{i}\omega)X\big](t),\\
\ddot{x}(t) &= \mathscr{F}\big[\mathscr{F}^{-1}[\ddot{x}]\big](t) = \mathscr{F}\big[(-\omega^2)X\big](t).
\end{aligned}$$

Setzt man die obigen Beziehungen nun in die anfängliche Differentialgleichung (53) ein, so erhält man durch Umformung und Nutzung der Linearitätseigenschaft der Fourier-Transformierten ([Fri09], S. 162) folgenden Zusammenhang:

$$\mathscr{F}\big[-\omega^2 X - \mathrm{i}\omega\gamma X + \omega_0^2 X - F\big](t) = 0.$$

Da nun aber die Fourier-Transformation einen Isomorphismus beschreibt, die Abbildung also bis auf Nullmengen eindeutig ist, kann die obige Bedingung nur erfüllt sein, falls

$$X(\omega) = -\frac{F(\omega)}{\omega^2 + \mathrm{i}\gamma\omega - \omega_0^2} =: G(\omega)F(\omega) \tag{55}$$

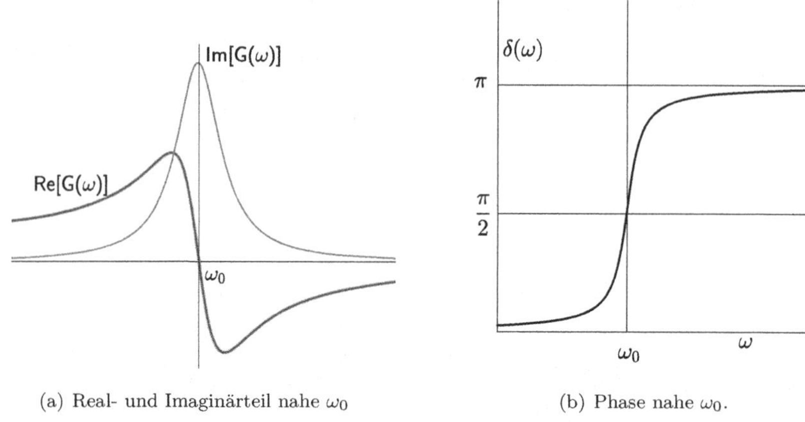

(a) Real- und Imaginärteil nahe ω_0

(b) Phase nahe ω_0.

Abbildung 1: Resonanz der Übertragungsfunktion $G(\omega)$

gilt. Teilt man $G(\omega)$ in Real- und Imaginärteil auf, so erhält man die folgende Gleichung:

$$G(\omega) = \frac{\omega_0^2 - \omega^2}{(\omega^2 - \omega_0^2)^2 + (\gamma\omega)^2} + \mathrm{i}\frac{\gamma\omega}{(\omega^2 - \omega_0^2)^2 + (\gamma\omega)^2}. \tag{56}$$

In Abb. 1 sind die beiden Summanden der obigen Gleichung und deren Phasenbeziehung aufgetragen. Man erkennt, dass der Imaginärteil (für $\gamma \ll \omega_0$) ein Maximum in der Nähe von ω_0 erreicht und der Realteil dort einen Nulldurchgang hat. Es wird sich im Rahmen dieser Arbeit zeigen, dass die dargestellten Beziehungen in verschiedensten physikalischen Gebieten immer wieder auftreten. Wie diese Beziehungen dann zu interpretieren sind, wird von dem untersuchten Gebiet abhängen.

Für das weitere Vorgehen soll davon ausgegangen werden, dass $g(t)$ die Fourier-Transformierte von $G(\omega)$ beschreibe. In diesem Fall lässt sich mit Hilfe des Faltungstheorems (Thm. 7) folgender Zusammenhang festhalten:

$$x(t) = \frac{1}{\sqrt{2\pi}} \int_{-\infty}^{\infty} g(t-t')f(t')\mathrm{d}t'. \tag{57}$$

Man erkennt sofort, dass für eine zeitlich scharf lokalisierte Antriebsfunktion $f(t) = \delta(t)$ die Lösung der Dgl. (53) durch $x(t) \equiv g(t)/\sqrt{2\pi}$ gegeben ist. Insofern ist die Bezeichnung der Funktion $g(t)$ nicht völlig unmotiviert, da diese eine *Green'sche Funktion* beschreibt. Zudem lässt sich die obige Gleichung im Sinne eines Kausalprozesses folgendermaßen interpretieren: Die Wirkung x zur Zeit t entsteht durch die Gesamtheit aller Ursachen f, deren Stärke bzw. Einfluss zu den jeweiligen Zeitpunkten durch die Übertragungsfunktion g bestimmt wird. Auch wenn die obige Erläuterung zunächst sehr einsichtig erscheint, so weist sie doch eine leicht zu übersehende Spitzfindigkeit auf. Untersucht man nämlich Gl. (57), so stellt man fest, dass unter die „Gesamtheit aller Ursachen“ auch Anteile $f(t')$ fallen, die zeitlich gesehen nach t kommen. Im Klartext bedeutete dies, dass die Ursache der Wirkung folgen würde. Es wird sich zeigen, dass die Gestalt der Übertragungsfunktion einen Ausweg aus diesem Dilemma liefert. Daher gilt es also die Funktion $g(t)$ genauer zu untersuchen. Den Anknüpfungspunkt dazu liefert die Gleichung

$$g(t) = \mathscr{F}[G](t) = \frac{1}{\sqrt{2\pi}} \int\limits_{-\infty}^{+\infty} G(\omega) e^{-i\omega t} \mathrm{d}\omega =: \int\limits_{-\infty}^{+\infty} H(\omega, t) \mathrm{d}\omega. \tag{58}$$

Die Funktion H ist dabei mittels Gl. (55) zu

$$H(\omega, t) = -\frac{1}{\sqrt{2\pi}} \frac{\mathrm{e}^{-\mathrm{i}\omega t}}{\omega^2 + \mathrm{i}\gamma\omega - \omega_0^2} =: -\frac{1}{\sqrt{2\pi}} \frac{\mathrm{e}^{-\mathrm{i}\omega t}}{(\omega - \omega_1)(\omega - \omega_2)}$$

gegeben, wobei die Singularitäten durch

$$\omega_1 = \widetilde{\omega}_0 - \mathrm{i}\frac{\gamma}{2}, \quad \omega_2 = -\widetilde{\omega}_0 - \mathrm{i}\frac{\gamma}{2} \quad \text{mit} \quad \widetilde{\omega}_0 = \sqrt{\omega_0^2 - \left(\frac{\gamma}{2}\right)^2} \tag{59}$$

bestimmt sind. Man erkennt leicht, dass die Singularitäten bei positiven Werten von ω_0^2 und γ immer in der unteren Halbebene liegen (vgl. Abb. 2). Diese Tatsache wird in der folgenden Rechnung an Bedeutung gewinnen. Um nun aber das obige Integral (58) zu lösen, wird zunächst der Integrationsweg von der reellen Achse auf die komplexe Ebene erweitert. Konkret wird der Integrationsweg δK über den Rand eines Halbkreises in der oberen bzw. unteren komplexen Halbebene untersucht. Dabei sollen γ_+ bzw. γ_- die entsprechenden Kreisbögen beschreiben. Zunächst soll der Fall $t < 0$ betrachtet werden. Mit Hilfe der Residuenformel (Thm. 3) lässt sich das so entstehende Integral wie folgt umschreiben:

$$\frac{1}{2\pi\mathrm{i}} \int\limits_{\delta K^{(+)}} H(\omega, t) \mathrm{d}\omega = \frac{1}{2\pi\mathrm{i}} \left[\int\limits_{-R}^{+R} H(\omega, t) \mathrm{d}\omega + \int\limits_{\gamma_+} H(z, t) \mathrm{d}z \right] = \sum_{k=1}^{N} \mathrm{res}_{z_k}[H](t) = 0. \tag{60}$$

Durch Umstellen der obigen Gleichung erkennt man somit leicht, dass

$$\int\limits_{-R}^{+R} H(\omega, t) \mathrm{d}\omega = -\int\limits_{\gamma_+} H(z, t) \mathrm{d}z \tag{61}$$

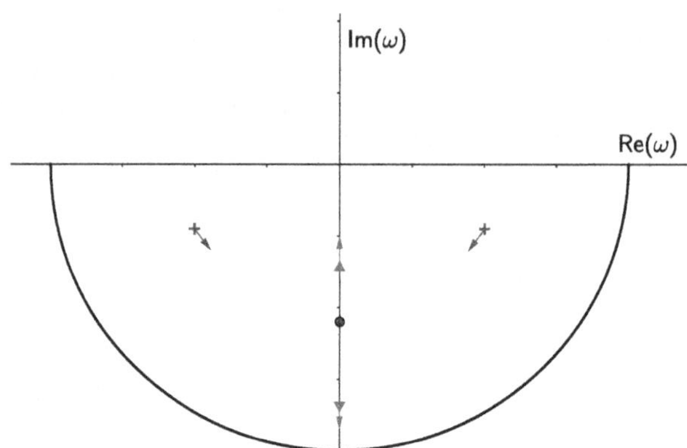

Abbildung 2: Singularitäten der Übertragungsfunktion $G(\omega)$. Die grünen Kreuze entsprechen den Singularitäten im *Schwingfall* $\omega_0 > \gamma/2$. Mit zunehmendem Reibungskoeffizient bewegen sich die Punkte in Richtung der imaginären Achse. Für den *aperiodischen Grenzfall* fallen die Punkte in dem blauen Punkt zusammen. Nimmt γ weiter zu, so befindet man sich im *Kriechfall.* Die roten Dreiecke bewegen sich wie eingezeichnet. Allerdings verlässt in keinem der Fälle eine Singularität die untere Halbebene.

gilt. Es reicht im Folgenden also das komplexe Integral über den Weg γ_+ zu betrachten. Es soll nun gezeigt werden, dass jenes für hinreichend großes R beliebig klein wird. Der Weg γ_+ lässt sich wie folgt parametrisieren:

$$\gamma_+ = R\mathrm{e}^{\mathrm{i}\phi} = R(\cos\phi + \mathrm{i}\sin\phi), \quad \text{wobei} \quad \phi \in [0, \pi] \quad \text{und} \quad \frac{\partial \gamma_+}{\partial \phi} = \mathrm{i}Re^{\mathrm{i}\phi}.$$

Setzt man diese Parametrisierung nun in Gl. (61) ein, so führt dies zu folgendem Integral:

$$\int\limits_{\gamma_+} H(z,t)\mathrm{d}z = -\frac{1}{\sqrt{2\pi}} \int\limits_0^{\pi} \frac{\mathrm{i}R\exp(-\mathrm{i}\phi)\exp\big(-\mathrm{i}tR\cos\phi\big)\exp\big(tR\sin\phi\big)}{[R(\cos\phi + \mathrm{i}\sin\phi) - \omega_1][R(\cos\phi + \mathrm{i}\sin\phi) - \omega_2]}\mathrm{d}\phi.$$

Mit Hilfe der Dreiecksungleichung (vgl. [Heu98], S. 475) lässt sich das Integral nun abschätzen. Es gilt:

$$\left|\int\limits_{\gamma_+} H(z,t)\mathrm{d}z\right| \leq \frac{1}{\sqrt{2\pi}} \int\limits_0^{\pi} \left|\frac{R\exp\big(tR\sin\phi\big)}{[R(\cos\phi + \mathrm{i}\sin\phi) - \omega_1][R(\cos\phi + \mathrm{i}\sin\phi) - \omega_2]}\right|\mathrm{d}\phi.$$

Wird nun zudem berücksichtigt, dass der Nenner des obigen Integrals für hinreichend große Radien von R^2 dominiert wird, so gilt

$$\int_{\gamma_+} |H(z,t)|\mathrm{d}z \sim \frac{1}{R}\int_0^{\pi} \left|\mathrm{e}^{tR\sin\phi}\right|\mathrm{d}\phi \leq \int_0^{\pi} \left|\mathrm{e}^{tR\sin\phi}\right|\mathrm{d}\phi. \tag{62}$$

Abschließend wird die Sinusfunktion durch eine geeignete Deltafunktion

$$\Delta(\phi) = \begin{cases} \frac{1}{\pi}\phi & \phi \in [0, \frac{\pi}{2}) \\ \frac{1}{2} - \frac{1}{\pi}(\phi - \frac{\pi}{2}) & \phi \in [\frac{\pi}{2}, \pi] \end{cases}$$

nach unten abgeschätzt. Da nämlich letztere Funktion innerhalb des untersuchten Intervalls immer unterhalb der Sinusfunktion liegt, lässt sich obiges Integral schlussendlich wie folgt abschätzen:

$$\left|\int_{\gamma_+} H(z,t)\mathrm{d}z\right| \leq \int_0^{\pi} \left|\mathrm{e}^{tR\sin\phi}\right|\mathrm{d}\phi \leq \int_0^{\pi} \left|\mathrm{e}^{tR\Delta(\phi)}\right|\mathrm{d}\phi = 2\int_0^{\frac{\pi}{2}} \exp\left(\frac{\phi}{\pi}tR\right)\mathrm{d}\phi \overset{R\to\infty}{\longrightarrow} 0.$$

Folglich verschwindet das Integral über den Halbkreis in der oberen komplexen Halbebene und somit auch die Übertragungsfunktion für negative Zeiten. Es gilt also

$$g(t) = 0 \quad (t < 0). \tag{63}$$

Demnach ist der scheinbare Widerspruch beseitigt, der durch Gl. (57) aufgeworfen wurde. Die Übertragungsfunktion verschwindet für Werte t' mit $t' > t$. Demzufolge hängt die Wirkung $x(t)$ nur von Ursachen $f(t)$ früherer Zeiten ab: Die Wirkung folgt der Ursache und nicht umgekehrt.

Im Folgenden gilt es nun die Übertragungsfunktion auch für positive Zeiten zu untersuchen. Erneut ist es dazu hilfreich, das Integral auf die komplexe Ebene zu erweitern, um es anschließend mit Hilfe des Residuensatzes zu berechnen. Im Unterschied zur vorangegangenen Rechnung führt der Integrationsweg über die untere komplexe Halbebene. Da die Funktion $H(z)$ innerhalb dieser Halbebene zwei Singularitäten besitzt, ändert sich Gl. (60) wie folgt:

$$\begin{aligned} \frac{1}{2\pi\mathrm{i}}\int_{\delta K^{(-)}} H(\omega,t)\mathrm{d}\omega &= \frac{1}{2\pi\mathrm{i}}\left[\int_{-R}^{+R} H(\omega,t)\mathrm{d}\omega + \int_{\gamma_-} H(z,t)\mathrm{d}z\right] \\ &= -\mathrm{res}_{\omega_1}[H](t) - \mathrm{res}_{\omega_2}[H](t). \end{aligned}$$

Bei der Vorzeichenwahl wurde berücksichtigt, dass der geschlossene Weg im Uhrzeigersinn durchlaufen wird. Genau wie im ersten Fall verschwindet erneut das

Integral über den Halbkreis. Es gilt $\gamma_-(\phi) = \gamma_+(-\phi)$. Außerdem steht in dem für das Konvergenzverhalten maßgeblichen Exponenten (siehe Gl. (62)) das Produkt aus t und $\sin\phi$. Somit egalisieren sich die geänderten Vorzeichen der Zeit und des Winkels und die Argumentation verläuft genau wie im zuvor betrachteten Falle. Demnach vereinfacht sich die obige Gleichung zu

$$\frac{1}{2\pi\mathrm{i}} \int\limits_{\delta K^{(-)}} H(\omega,t)\mathrm{d}\omega = \frac{1}{2\pi\mathrm{i}} \lim_{R\to\infty} \int\limits_{-R}^{+R} H(\omega,t)\mathrm{d}\omega = -\mathrm{res}_{\omega_1}[H](t) - \mathrm{res}_{\omega_2}[H](t).$$

Durch Berechnen der Residuen mittels Thm. 1 und einen Abgleich mit Gl. (58) erhält man somit

$$\begin{aligned} g(t) = \int\limits_{-\infty}^{\infty} H(\omega,t)\mathrm{d}\omega &= 2\pi\mathrm{i}\left\{ \frac{1}{\sqrt{2\pi}} \left[\frac{\exp(-\mathrm{i}\omega_1 t)}{\omega_1-\omega_2} + \frac{\exp(-\mathrm{i}\omega_2 t)}{\omega_2-\omega_1} \right] \right\} \\ &= -\sqrt{2\pi}\left[\frac{\mathrm{i}\exp(-\mathrm{i}\omega_2 t) - \mathrm{i}\exp(-\mathrm{i}\omega_1 t)}{\omega_1-\omega_2} \right] \\ &= -\sqrt{2\pi}\left[\frac{\mathrm{i}\exp(\mathrm{i}\widetilde{\omega}_0 t) - \mathrm{i}\exp(-\mathrm{i}\widetilde{\omega}_0 t)}{2\widetilde{\omega}_0} \right] \mathrm{e}^{-\frac{\gamma}{2}t} \\ &= \sqrt{2\pi}\,\frac{\sin(\widetilde{\omega}_0 t)}{\widetilde{\omega}_0}\mathrm{e}^{-\frac{\gamma}{2}t} \quad (t \geq 0). \end{aligned}$$

Man erkennt also, dass $g(t)$ in Form einer exponentiellen Kurve abfällt, wobei die Stärke dieses Abfalls von der Reibung γ abhängt. In Bezug auf die Interpretation des Kausalprozesses kann man also sagen, dass der Einfluss der Ursache $f(t)$ zur Zeit t umso weniger Einfluss auf die Wirkung $x(t')$ hat, je weiter diese beiden Ereignisse auseinander liegen, also je größer $t' - t$ ist.
Insgesamt lässt sich $g(t)$ demnach zu

$$g(t) = \sqrt{2\pi}\,\frac{\sin(\widetilde{\omega}_0 t)}{\widetilde{\omega}_0}\mathrm{e}^{-\frac{\gamma}{2}t}\Theta(t) \tag{64}$$

berechnen. Der Faktor $\sqrt{2\pi}$ ist dabei lediglich der hier verwendeten Konvention der Fourier-Transformierten geschuldet. Um nun die allgemeine Lösung $x(t)$ zu berechnen, gilt es lediglich Gl. (64) in die Faltungsgleichung (57) einzusetzen. Es ergibt sich:

$$x(t) = \int\limits_{-\infty}^{t} f(t')\frac{\sin\left[\widetilde{\omega}_0(t-t')\right]}{\widetilde{\omega}_0}\mathrm{e}^{-\frac{\gamma}{2}(t-t')}\mathrm{d}t'.$$

Man erkennt an der oberen Grenze des Integrals deutlich, dass es sich um einen kausalen Prozess handelt. Resümiert man nun die Herleitung dieser Gleichung, so stellt man fest, dass an den entscheidenden Stellen immer wieder die Lage der Singularitäten einfließt. So ist zum Beispiel Gl. (63) unmittelbar darauf zurückzuführen, dass G holomorph in die obere Halbebene fortgesetzt werden kann. Wie bereits durch das Titchmarsh'sche Theorem zu erwarten, ist die Kausalität von $g(t)$ mit der Holomorphie von $G(\omega)$ in $\mathbb{H}$ verknüpft. Da $G(\omega)$ zudem quadratintegrabel über den reellen Zahlen ist, ist auch zu erwarten, dass die in Gl. (56) auftretenden Real- und Imaginärteil vermöge einer Hilbert-Transformation miteinander verbunden sind. In der Tat lässt sich zeigen, dass

$$\mathscr{H}[\mathrm{Im}[G(\omega)]] = \mathrm{Re}[G(\omega)]$$

gilt, und die Funktion G somit eine Dispersionsrelation erfüllt (siehe Anhang A). Abschließend sei noch auf eine unter physikalischen Gesichtspunkten interessante Tatsache hingewiesen. Untersucht man nämlich die Lage der Singularitäten (siehe Gl. (59)), so erkennt man, dass deren Position in der unteren Halbebene direkt an die Positivität der Dämpfungskonstanten γ gebunden ist. Es ließe sich leicht zeigen, dass für negative Werte von γ die Übertragungsfunktion $g(t)$ für $t > 0$ verschwindet und für $t < 0$ Werte ungleich Null auftreten. In diesem Fall wäre der physikalische Prozess demnach akausal.

5 Die Dielektrizitätsfunktion

5.1 Das Lorentz-Modell

Die *Dielektrizitätsfunktion* oder *Permittivität* $\epsilon(\omega)$ beschreibt den Proportionalitätsfaktor des, im Falle „schwacher Felder“ und isotroper Medien, linearen Zusammenhangs zwischen elektrischer Feldstärke $\vec{E}$ und elektrischer Flussdichte $\vec{D}$ [FLS67, Jac02]. Die Permittivität kann somit verstanden werden als ein Maß für die Durchlässigkeit elektrischer Strahlung bezogen auf ein bestimmtes Material. In Formeln lässt sich der genannte Zusammenhang folgendermaßen ausdrücken:

$$\vec{D} = \epsilon_r \epsilon_0 \vec{E} = \epsilon \vec{E}. \tag{65}$$

Dabei bezeichnet ϵ_0 die Dielektrizitätskonstante des Vakuums und ϵ_r die relative Permittivität.[4] Im einfachsten Fall wird die Permittivität als konstant, also unabhängig von der Frequenz der einlaufenden Welle, angenommen. Dieses Modell erweist sich aber bereits bei der Brechung eines Lichtstrahls an einem gewöhnlichen Glasprisma als unzureichend. Wäre die Dielektrizitätsfunktion tatsächlich konstant, so müsste über den Zusammenhang

$$n = \sqrt{\epsilon_r \mu_r} \approx \sqrt{\epsilon_r} \tag{66}$$

auch der Brechungsindex n konstant sein, da die *Permeabilitätszahl* μ_r für die meisten Medien durch Eins abgeschätzt werden kann ([Gre82], Kap.16). Bekanntermaßen wird Licht aber beim Passieren eines Prismas in seine Spektralfarben zerlegt, was für einen frequenzunabhängigen Brechungsindex nicht der Fall sein sollte.

Das *Oszillator-* oder *Lorentz-Modell*, das nun vorgestellt wird, führt auf eine frequenzabhängige Dielektrizitätsfunktion, wodurch dispersive Effekte beschrieben werden können. Der Grundgedanke des Modells ist dabei der, dass in einem Atom ein an den Kern gebundenes, schwingendes Elektron durch eine einlaufende elektromagnetische Welle angetrieben und in einfachster Näherung proportional zur Geschwindigkeit gedämpft wird [Gri08]. Bekanntermaßen führt dies auf folgende Differentialgleichung:

$$m\left(\frac{\mathrm{d}^2\vec{x}}{\mathrm{d}t^2} + \gamma\frac{\mathrm{d}\vec{x}}{\mathrm{d}t} + \omega_0^2\vec{x}\right) = -e\big(\vec{E} + \frac{\mathrm{d}\vec{x}}{\mathrm{d}t} \times \vec{B}\big),$$

wobei m und $-e < 0$ Masse und Ladung des Elektrons sind, ω_0 die Kreisfrequenz beschreibt, mit der die Elektronen um den Kern schwingen, $\gamma > 0$ ein phänomenologischer Dämpfungsfaktor ist und die rechte Seite die Lorentz-Kraft darstellt. Betrachtet man in obiger Gleichung nur den nichtrelativistischen Fall, so ist $v \ll c$ und das magnetische Feld kann aufgrund von $|\vec{E}| = c|\vec{B}|$ vernachlässigt werden. Setzt man nun das Dipolmoment $\vec{p}$ mit Hilfe der Beziehung $\vec{p} = -e\vec{x}$

[4] In SI-Einheiten gilt $\epsilon_0 = 8,85 \cdot 10^{-12}\, C^2/(N \cdot m^2)$.

[Gre82] in obige Gleichung ein, so führt dies auf folgende, leicht abgeänderte Differentialgleichung:

$$m\left(\frac{\mathrm{d}^2\vec{p}}{\mathrm{d}t^2}+\gamma\frac{\mathrm{d}\vec{p}}{\mathrm{d}t}+\omega_0^2\vec{p}\right)=e^2\vec{E}. \tag{67}$$

Betrachtet man nun den dynamischen Fall $\dot{\vec{p}} \neq 0$ und geht davon aus, dass sich die atomaren Dipole mit der gleichen Frequenz ändern, mit der das äußere elektrische Feld schwingt, also

$$\vec{E}=\vec{E}_0\mathrm{e}^{-\mathrm{i}\omega t} \quad \text{und} \quad \vec{p}=\vec{p}_0\mathrm{e}^{-\mathrm{i}\omega t},$$

dann erhält man nach Einsetzen in Gl. (67) und Umstellen nach $\vec{p}_0$ folgenden Ausdruck:

$$\vec{p}_0=\frac{e^2}{m}(\omega_0^2-\omega^2-\mathrm{i}\gamma\omega)^{-1}\vec{E}_0=:\epsilon_0\,\alpha(\omega)\vec{E}_0.$$

Hierbei bezeichnet $\alpha(\omega)$ die *atomare Polarisierbarkeit* [KH07]. Um nun von dieser mikroskopischen Größe auf die Dielektrizitätsfunktion zu schließen, wird die sogenannte *Clausius-Mossotti'sche-Gleichung* [KH07]

$$\epsilon_r(\omega)=1+\frac{N\alpha(\omega)}{1-\frac{1}{3}N\alpha(\omega)}=1+\frac{N}{[\alpha(\omega)]^{-1}-\frac{1}{3}N}$$

benötigt. Dabei beschreibt N die Anzahl der Atome bzw. Moleküle pro Volumeneinheit. Setzt man nun die ermittelte atomare Polarisierbarkeit in die Beziehung von Clausius und Mossotti ein, so erhält man für die relative Dielektrizitätsfunktion

$$\begin{aligned}\epsilon_r(\omega)&=1+\frac{N}{\frac{m\epsilon_0}{e^2}(\omega_0^2-\omega^2-\mathrm{i}\gamma\omega)-\frac{1}{3}N}\\&=1+\frac{Ne^2}{\epsilon_0 m}\frac{1}{\omega_0^2-\omega^2-\mathrm{i}\gamma\omega-\frac{1}{3}N\frac{e^2}{\epsilon_0 m}}\\&=1+\frac{Ne^2}{\epsilon_0 m}\frac{1}{\omega_1^2-\omega^2-\mathrm{i}\gamma\omega},\\ \text{wobei}\quad \omega_1^2&=\omega_0^2-\frac{1}{3}N\frac{e^2}{\epsilon_0 m}.\end{aligned}$$

In dieser makroskopischen Beschreibung bleibt allerdings die Tatsache unberücksichtigt, dass es innerhalb eines Moleküls durchaus verschiedene Elektronen mit unterschiedlichen Eigenfrequenzen geben kann. Um dieser Tatsache gerecht zu werden, kann obige Gleichung leicht modifiziert werden. Enthalten die Moleküle des Mediums f_j Elektronen mit den Eigenfrequenzen ω_j und Dämpfungskonstanten γ_j, so ergibt sich für die relative Permittivität ([Jac02], Kap. 7):

$$\begin{aligned}\epsilon_r(\omega) &= 1 + \frac{Ne^2}{\epsilon_0 m}\sum_j \frac{f_j}{\omega_j^2 - \omega^2 - i\omega\gamma_j} \\ &= 1 + \frac{Ne^2}{\epsilon_0 m}\sum_j \frac{f_j(\omega_j^2 - \omega^2)}{(\omega_j^2 - \omega^2)^2 + (\omega\gamma_j)^2} + \mathrm{i}\frac{Ne^2}{\epsilon_0 m}\sum_j \frac{f_j\gamma_j\,\omega}{(\omega_j^2 - \omega^2)^2 + (\omega\gamma_j)^2},\end{aligned} \tag{68}$$

wobei $\sum_j f_j = Z$ die Gesamtzahl von Elektronen pro Molekül ist. Die Phasenbeziehung zwischen Imaginär- und Realteil der einzelnen Summanden ist durch

$$\phi_j(\omega) = \arctan\left\{\frac{\mathrm{Im}[\epsilon_{r,j}(\omega)]}{\mathrm{Re}[\epsilon_{r,j}(\omega)]}\right\} = \arctan\left(\frac{\gamma_j\omega}{\omega_j^2 - \omega^2}\right) \tag{69}$$

gegeben. Die obige Gl. (68) wird auch *Drude'sche Formel* genannt und beschreibt den funktionalen Zusammenhang zwischen Permittivität und Kreisfrequenz der einlaufenden Welle.

Im Folgenden gilt es nun, den physikalischen Gehalt dieser Formel zu deuten. Es fällt dabei zunächst auf, dass die Dielektrizitätsfunktion eine im allgemeinen komplexe Funktion reeller Variablen darstellt. Da die in Gl. (66) beschriebene Beziehung auch für die komplexe Dielektrizitätsfunktion bestehen bleibt, ergeben sich für den Realteil bzw. den Imaginärteil des komplexen Brechungsindexes folgende Aussagen [Fli97]:[5]

$$n_r(\omega) \approx \sqrt{\mathrm{Re}[\epsilon(\omega)]}, \quad \alpha(\omega) \approx \frac{\omega}{c}\frac{\mathrm{Im}[\epsilon(\omega)]}{\sqrt{\mathrm{Re}[\epsilon(\omega)]}}.$$

Dabei werden den beiden Effekten, die beim Eintritt einer elektromagnetischen Welle in ein Medium auftreten, nämlich der Dispersion einerseits und der Absorption andererseits, jeweils unterschiedliche Größen zugeordnet. Bei eingehender Untersuchung der komplexen Wellenzahl lässt sich schnell feststellen, dass $\alpha(\omega)$ der für die Absorption wesentliche Teil ist. Dementsprechend wird $\alpha(\omega)$ als *Absorptionskoeffizient* bezeichnet. Analog wird $n_r(\omega)$ als *Brechungsindex* bezeichnet [Fli97]. Diese Bezeichnungen sollen allerdings an dieser Stelle nicht weiter vertieft werden. Für das weitere Verständnis ist nur die Tatsache relevant, dass Dispersion im Wesentlichen mit dem Realteil und Absorption mit dem Imaginärteil der Dielektrizitätsfunktion identifiziert werden kann.

Interessant ist nun die Frage, welcher Zusammenhang innerhalb eines Mediums zwischen Absorption und Dispersion besteht, da die Werte von Imaginärteil und

[5] Der Absorptionskoeffizient $\alpha = 2k\mathrm{Im}(n)$ ist hier nicht mit der, zufällig auch mit α bezeichneten, atomaren Polarisierbarkeit zu verwechseln.

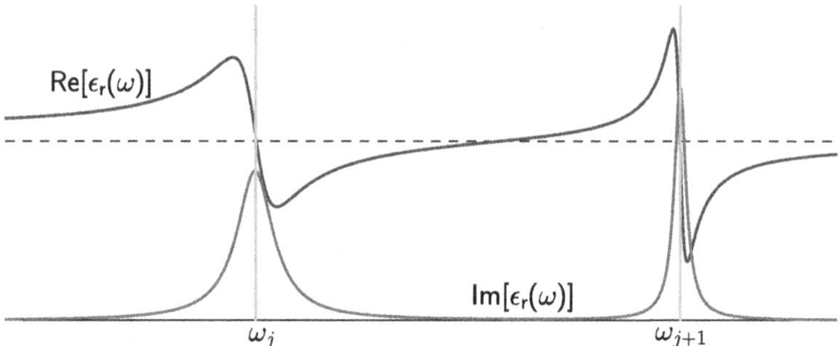

Abbildung 3: Resonanzabsorption im Modell des Lorentz-Oszillators. Es ist $f_j = f_{j+1}$ und $\gamma_j > \gamma_{j+1}$. Auf der x-Achse ist ω aufgetragen, die gestrichelte Linie entspricht einem Real- bzw. Imaginärteil von 1. Die Maxima liegen i. A. nicht unmittelbar an der Stelle ω_j bzw. ω_{j+1}.

Realteil der Dielektrizitätsfunktion ja zumindest im Oszillatormodell miteinander verknüpft zu sein scheinen. Um dieser Frage nachzugehen, soll im Folgenden Gl. (68) vereinfacht für zwei aufeinanderfolgende Resonanzfrequenzen untersucht werden. In Abb. 3 ist der Verlauf des Imaginär- und Realteils der Dielektrizitätsfunktion aufgetragen. In den Bereichen außerhalb der Resonanzfrequenzen, also für $|\omega_j| \ll |\omega|$ oder $|\omega_j| \gg |\omega|$, erkennt man normale Dispersion. Das bedeutet, der Realteil der Dielektrizitätsfunktion und damit auch der Brechungsindex steigen mit zunehmender Frequenz. Untersucht man allerdings Bereiche innerhalb der Resonanzfrequenzen, also $\omega_j < \omega < \omega_{j+1}$, so erkennt man gelegentlich einen umgekehrten Zusammenhang: Der Brechungsindex nimmt mit steigender Frequenz ab. Man spricht hierbei von *anomaler Dispersion* [Fli97]. Betrachtet man innerhalb dieses Bereiches den Imaginärteil der Dielektrizitätsfunktion, so erkennt man, dass dieser dort ein deutliches Maximum aufweist. Mit Hilfe von Gl. (68) lässt sich dies dadurch erklären, dass für den Fall $\omega_j \approx \omega$ der Nenner des entsprechenden Summanden minimal ist und der Imaginärteil an dieser Stelle demgemäß maximal wird.[6] Da, wie bereits erwähnt, der Imaginärteil der Dielektrizitätsfunktion mit dem Absorptionskoeffizienten identifiziert werden kann, ist die Absorption an dieser Stelle maximal. Dies und die Tatsache, dass die Phase um die Stelle $\omega = \omega_j$ einen Phasensprung von π vollzieht [vgl. Gl. (69)], führen dazu, dass man diesen Teil auch den Bereich der *Resonanzabsorption* nennt. Interessant ist außerdem, dass die „Breite“ der Resonanzkurve im Wesentlichen von der Konstanten γ_j bestimmt wird. Es sei zudem noch angemerkt, dass der

[6] Korrekterweise hängt die Lage des Maximums auch von γ_j ab. Die Aussagen beschreiben den Fall $\gamma_j \ll \omega_j$.

Verlauf selbstverständlich je nach Anzahl der Elektronen und deren einzelnen Resonanzfrequenzen bzw. Dämpfungskonstanten stark differieren kann. Allerdings lassen sich immer Bereiche anomaler Dispersion finden.

5.2 Kramers-Kronig-Relationen

So erstaunlich die obigen Ergebnisse nun sind, so klar muss auch sein, dass diese bisher fest an das spezielle Oszillatormodell der Dielektrizitätsfunktion gebunden sind. Es stellt sich nun also die Frage, ob sich ein ähnlicher Zusammenhang auch auf Grundlage anderer Modelle erwarten lässt. Eine erste Motivation, wie eine solche Beschreibung aussehen könnte, liefert eine Gegenüberstellung der Erkenntnisse des obigen Abschnittes 5.1 mit denen aus Kapitel 4. Vergleicht man nämlich Gl. (56) mit den Summanden aus Gl. (68) sowie die Abbildungen 1 und 3, so erkennt man, dass die Funktionen $G(\omega)$ und $\epsilon_r(\omega)$ nahezu identisch sind. Der einzige Unterschied besteht darin, dass $\epsilon_r(\omega)$ im Vergleich zu $G(\omega)$ um den Wert 1 nach oben verschoben ist. Beseitigt man diesen Unterschied, indem man $\epsilon_r(\omega) - 1$ betrachtet, so führt dies auf die so definierte *Suszeptibilität* $\chi(\omega)$. Interpretiert man diese Parallelen nun in geeigneter Weise, so kann man auf folgenden Schluss kommen: Ebenso wie G innerhalb eines Kausalprozesses die Übertragungsfunktion zwischen Antrieb F und Auslenkung X darstellt, stellt χ die Übertragungsfunktion zwischen elektrischer Feldstärke $\vec{E}$ und elektrischer Flussdichte oder dielektrischer Verschiebung $\vec{D}$ dar. Die Dielektrizitätsfunktion des Lorentz-Oszillators repräsentiert dabei nur die Übertragungsfunktion eines ganz speziellen Kausalprozesses. Die Frage ist nun die, ob es eine Möglichkeit gibt den Kausalprozess ganz allgemein zu betrachten und dennoch nützliche Informationen über χ zu gewinnen. Kramers und Kronig gelang es, diese Frage mit „Ja“ zu beantworten. Sie konnten zeigen, dass sich für jedes Modell der Dielektrizitätsfunktion, welches nur fundamentalsten physikalischen Voraussetzungen genügt, ein Zusammenhang zwischen Imaginär- und Realteil finden lässt. Der Kalkül der Dispersionsrelationen war geboren. In Ehrung dieser beiden Physiker wird der spezielle Zusammenhang zwischen Imaginär- und Realteil der Suszeptibilität als *Kramers-Kronig-Relation* bezeichnet [Kra27, Kro26]. Im Folgenden sollen nun diese Beziehungen hergeleitet werden.

Beginnt man nun also ganz allgemein, so lässt sich sicherlich festhalten, dass die Dielektrizitätsfunktion die anfangs erwähnte Gl. (65) erfüllen muss. Sind sowohl $\vec{D}$ als auch $\vec{E}$ bzgl. der Zeit integrierbar über den reellen Zahlen, so existieren auch deren Fourier-Transformierte bzw. deren Inverse. Demnach lässt sich Gl. (65) folgendermaßen umschreiben:

$$\mathscr{F}^{-1}\left[\vec{D}\right](\omega) = \epsilon(\omega)\mathscr{F}^{-1}\left[\vec{E}\right](\omega).$$

Mittels dieser Gleichung und der Linearität der Fourier-Transformation lässt sich nun leicht der folgende Zusammenhang festhalten:

$$\begin{aligned}\mathscr{F}^{-1}[\vec{D}-\epsilon_0\vec{E}](\omega) &= \epsilon(\omega)\mathscr{F}^{-1}[\vec{E}](\omega)-\mathscr{F}^{-1}[\epsilon_0\vec{E}](\omega)\\ &= \epsilon_0[\epsilon_r(\omega)-1]\mathscr{F}^{-1}[\vec{E}](\omega).\end{aligned} \tag{70}$$

Es lässt sich nun, wie bereits angekündigt, die elektrische Suszeptibilität als

$$\chi_e(\omega)=\epsilon_r(\omega)-1, \tag{71}$$

einführen. Betrachtet man χ_e dann als Invers-Fourier-Transformierte einer zeitabhängigen Suszeptibilität $\widetilde{\chi}_e(t)$, also

$$\chi_e(\omega)=\mathscr{F}^{-1}[\widetilde{\chi}_e](\omega),$$

so lässt sich Gl. (70) schreiben als

$$\mathscr{F}^{-1}[\vec{D}-\epsilon_0\vec{E}](\omega)=\epsilon_0\mathscr{F}^{-1}[\widetilde{\chi}_e](\omega)\mathscr{F}^{-1}[\vec{E}](\omega).$$

Wird nun die Fourier-Transformierte beider Seiten untersucht, so führt dies zunächst auf

$$\vec{D}(t)-\epsilon_0\vec{E}(t)=\epsilon_0\,\mathscr{F}\Big[\mathscr{F}^{-1}[\widetilde{\chi}_e]\mathscr{F}^{-1}[\vec{E}]\Big](t)$$

und unter Verwendung des Faltungstheorems [Thm. 7 und Gl. (8)] schlussendlich auf

$$\vec{D}(t)=\epsilon_0\left[\vec{E}(t)+\int_{-\infty}^{\infty}\widetilde{\chi}_e(t-\tau)\vec{E}(\tau)\mathrm{d}\tau\right].$$

Es sei an dieser Stelle angemerkt, dass sowohl die elektrische Feldstärke wie auch die entsprechende Flussdichte korrekterweise auch vom Ort $\vec{x}$ abhängen, sodass die obige Gleichung vollständig durch

$$\vec{D}(\vec{x},t)=\epsilon_0\left[\vec{E}(\vec{x},t)+\int_{-\infty}^{\infty}\widetilde{\chi}_e(t-\tau)\vec{E}(\vec{x},\tau)\mathrm{d}\tau\right] \tag{72}$$

beschrieben wird [Jac02]. Andererseits ist in einem homogenen und isotropen Medium die Suszeptibilität ortsunabhängig.

Untersucht man Gl. (72) nun unter physikalischen Gesichtspunkten, so erscheint das rechte Integral bei genauerer Betrachtung merkwürdig. Angenommen, der Integrand würde für $\tau > t$ nicht verschwinden, so würde die Flussdichte zum Zeitpunkt t von der elektrischen Feldstärke zu späteren Zeitpunkten $\tau > t$ abhängen.

Demnach würde die Wirkung der Ursache vorauseilen. Das System würde sich also akausal verhalten. Dies widerspräche allen bisher gemachten Erfahrungen. Demnach erscheint die Forderung, dass

$$\int_{-\infty}^{\infty} \widetilde{\chi}_e(t-\tau)\vec{E}(\vec{x},\tau)\mathrm{d}\tau \equiv \int_{-\infty}^{t} \widetilde{\chi}_e(t-\tau)\vec{E}(\vec{x},\tau)\mathrm{d}\tau$$

und auch deren logische Implikation

$$\widetilde{\chi}_e(\tau) \equiv 0 \text{ für } \tau < 0, \tag{73}$$

als durchaus plausibel. Fordert man nun darüber hinaus, dass $\chi_e(\tau) \in L^2(\mathbb{R})$, also quadratintegrierbar ist, so lässt sich Titchmarshs 95. Theorem [vgl. Gl. (44) und Gl. (45)] anwenden und für die Suszeptibilität gilt

$$\mathrm{Re}[\chi(\omega)] = \frac{1}{\pi} \text{ C.H.} \int_{-\infty}^{\infty} \frac{\mathrm{Im}[\chi(\omega')]}{\omega'-\omega}\mathrm{d}\omega',$$

$$\mathrm{Im}[\chi(\omega)] = -\frac{1}{\pi} \text{ C.H.} \int_{-\infty}^{\infty} \frac{\mathrm{Re}[\chi(\omega')]}{\omega'-\omega}\mathrm{d}\omega'.$$

Durch Einsetzen von Gl. (71) ergibt sich somit für die Dielektrizitätsfunktion folgende Beziehung:

$$\begin{aligned} \mathrm{Re}[\epsilon_r(\omega)] &= 1 + \frac{1}{\pi} \text{ C.H.} \int_{-\infty}^{\infty} \frac{\mathrm{Im}[\epsilon_r(\omega')]}{\omega'-\omega}\mathrm{d}\omega', \\ \mathrm{Im}[\epsilon_r(\omega)] &= -\frac{1}{\pi} \text{ C.H.} \int_{-\infty}^{\infty} \frac{\mathrm{Re}[\epsilon_r(\omega')-1]}{\omega'-\omega}\mathrm{d}\omega'. \end{aligned} \tag{74}$$

Es besteht also offensichtlich ein Zusammenhang zwischen Imaginär- und Realteil der Permittivität. Häufig wird die obige Formel etwas modifiziert. Aufgrund von Gl. (72) und der Tatsache, dass sowohl $\vec{D}$ als auch $\vec{E}$ reell sind, muss nämlich auch $\widetilde{\chi}$ reell sein. Mit diesem Wissen ergibt sich aber unmittelbar folgende *Kreuzungsrelation* (oder *crossing relation*) [Gre82]:

$$\epsilon_r(-\omega) = \epsilon_r^*(\omega^*). \tag{75}$$

Dies lässt sich einfach wie folgt zeigen:

$$\begin{aligned}\epsilon_r^*(\omega^*) &= 1 + [\chi_e(\omega^*)]^* = 1 + \left[\int_{-\infty}^{\infty} \widetilde{\chi}_e(t)\mathrm{e}^{\mathrm{i}\omega^* t}\mathrm{d}t\right]^* \\ &= 1 + \int_{-\infty}^{\infty} \widetilde{\chi}_e(t)\mathrm{e}^{\mathrm{i}(-\omega)t}\mathrm{d}t = \epsilon_r(-\omega).\end{aligned}$$

Betrachtet man lediglich reelle ω, so vereinfacht sich Gl. (75) zu

$$\epsilon_r^*(-\omega) = \epsilon_r(\omega) \text{ für } \omega \text{ reell.}$$

Somit erhält man dann für den Realteil bzw. den Imaginärteil von $\epsilon(\omega)$

$$\begin{aligned}\mathrm{Re}[\epsilon_r(\omega)] &= \mathrm{Re}[\epsilon_r(-\omega)] \quad \text{und} \\ \mathrm{Im}[\epsilon_r(\omega)] &= -\mathrm{Im}[\epsilon_r(-\omega)].\end{aligned} \tag{76}$$

Der Realteil stellt demnach eine gerade, der Imaginärteil eine ungerade Funktion dar. Diese Tatsache wird sich im Folgenden als hilfreich herausstellen. Zunächst lässt sich die erste Gleichung des Gleichungssystems (74) aber folgendermaßen umschreiben:

$$\begin{aligned}\mathrm{Re}[\epsilon_r(\omega)] &= 1 + \frac{1}{\pi}\ \text{C.H.} \int_0^{\infty} \frac{\mathrm{Im}[\epsilon_r(\omega')]}{\omega' - \omega}\mathrm{d}\omega' + \frac{1}{\pi}\ \text{C.H.} \int_{-\infty}^{0} \frac{\mathrm{Im}[\epsilon_r(\omega')]}{\omega' - \omega}\mathrm{d}\omega' \\ &= 1 + \frac{1}{\pi}\ \text{C.H.} \int_0^{\infty} \frac{\mathrm{Im}[\epsilon_r(\omega')]}{\omega' - \omega}\mathrm{d}\omega' + \frac{1}{\pi}\ \text{C.H.} \int_0^{\infty} \frac{\mathrm{Im}[\epsilon_r(-\omega')]}{-\omega' - \omega}\mathrm{d}\omega'.\end{aligned}$$

Verwendet man nun Gl. (76), so ergibt dies:

$$\begin{aligned}\mathrm{Re}[\epsilon_r(\omega)] &= 1 + \frac{1}{\pi}\ \text{C.H.} \int_0^{\infty} \frac{\mathrm{Im}[\epsilon_r(\omega')]}{\omega' - \omega}\mathrm{d}\omega' + \frac{1}{\pi}\ \text{C.H.} \int_0^{\infty} \frac{\mathrm{Im}[\epsilon_r(\omega')]}{\omega' + \omega}\mathrm{d}\omega' \\ &= 1 + \frac{2}{\pi}\ \text{C.H.} \int_0^{\infty} \omega' \frac{\mathrm{Im}[\epsilon_r(\omega')]}{\omega'^2 - \omega^2}\mathrm{d}\omega'.\end{aligned} \tag{77}$$

Auf ähnliche Weise lässt sich unter Verwendung der Gl. (76) die zweite Gleichung des Systems (74) umformen, sodass sich schlussendlich die Kramers-Kronig-

Relationen

$$\begin{aligned}\mathrm{Re}[\epsilon_r(\omega)] &= 1 + \frac{2}{\pi}\ \text{C.H.} \int\limits_0^\infty \omega' \frac{\mathrm{Im}[\epsilon_r(\omega')]}{\omega'^2 - \omega^2} \mathrm{d}\omega', \\ \mathrm{Im}[\epsilon_r(\omega)] &= -\frac{2\omega}{\pi}\ \text{C.H.} \int\limits_0^\infty \frac{\mathrm{Re}[\epsilon_r(\omega')] - 1}{\omega'^2 - \omega^2} \mathrm{d}\omega'\end{aligned} \tag{78}$$

ergeben [Jac02].
Resümiert man nun die obige Herleitung, so stellt man fest, dass die einzige mathematische Voraussetzung, welche χ erfüllen muss, die der Quadratintegrierbarkeit ist. Insbesondere kann die Funktion also Unstetigkeiten und nicht differenzierbare Bereiche aufweisen. Inwieweit diese Voraussetzung tatsächlich eine Einschränkung für die Wahl der Dielektrizitätsfunktion darstellt, lässt sich natürlich allgemein nur schwer abschätzen. Allerdings bietet es sich an dieser Stelle an, das bereits erläuterte Oszillatormodell der Dielektrizitätsfunktion dahingehend zu überprüfen. Sei also nach Gl. (68):

$$\chi_e(\omega) = \frac{Ne^2}{\epsilon_0 m} \sum_j \frac{f_j}{\omega_j^2 - \omega^2 - i\omega\gamma_j} = \frac{Ne^2}{\epsilon_0 m} \sum_j \frac{f_j(\omega_j^2 - \omega^2 + \mathrm{i}\omega\gamma_j)}{(\omega_j^2 - \omega^2)^2 + (\omega\gamma_j)^2}.$$

Es gilt nun zu zeigen, dass das Quadrat dieses Ausdruckes, integriert über den gesamten Frequenzraum, beschränkt ist. Es ist also zu zeigen, dass

$$\int\limits_{-\infty}^{\infty} \left| \frac{Ne^2}{\epsilon_0 m} \sum_j \frac{f_j(\omega_j^2 - \omega^2 + \mathrm{i}\omega\gamma_j)}{(\omega_j^2 - \omega^2)^2 + (\omega\gamma_j)^2} \right|^2 \mathrm{d}\omega \overset{!}{<} K$$

gilt. Mit Hilfe der Dreiecksungleichung und dem Zusammenfassen irrelevanter Konstanten führt dies auf folgende Forderung

$$\int\limits_{-\infty}^{\infty} \sum_j \left| \frac{(\omega_j^2 - \omega^2 + \mathrm{i}\omega\gamma_j)}{(\omega_j^2 - \omega^2)^2 + (\omega\gamma_j)^2} \right|^2 \mathrm{d}\omega \overset{!}{<} K.$$

Es ist nun festzustellen, dass die Summe aus physikalischen Gründen nur endlich viele Summanden aufweist und für alle Bindungsfrequenzen $\omega_j \neq 0$ gilt. Demnach könnte das Integral nur für große Frequenzwerte ($\omega \to \infty$) „problematisch“ werden. Allerdings gilt für den Integranden

$$\left| \frac{f_j(\omega_j^2 - \omega^2 + \mathrm{i}\omega\gamma_j)}{(\omega_j^2 - \omega^2)^2 + (\omega\gamma_j)^2} \right|^2 = \mathcal{O}(\omega^{-4}).$$

Demnach ist im Oszillatormodell $\chi \in L^2(\mathbb{R})$ und die Dielektrizitätsfunktion erfüllt die Kramers-Kronig-Dispersionsgleichungen. Es sei an dieser Stelle angemerkt, dass ϵ offensichtlich nicht quadratintegrierbar ist. Erst durch die erläuterte Subtraktion einer Konstanten ist diese Bedingung erfüllt. Im Allgemeinen kann es beim Aufstellen von Dispersionsrelationen nötig sein, Konstanten oder Terme höherer Ordnungen abzuziehen, um so das nötige Konvergenzverhalten der entsprechenden Größe zu erzwingen. Da sich diese Differenz dann auch in den resultierenden Dispersionsrelationen widerspiegelt [siehe Realteil der Gln. (78)], spricht man in diesem Zusammenhang auch von *subtrahierten Dispersionsbeziehungen* [Gre82].

Neben der mathematischen Forderung nach Quadratintegrierbarkeit basieren die obigen Dispersionsrelationen allerdings auch noch auf einigen physikalischen Prämissen. Beispielsweise wird davon ausgegangen, dass der in Gl. (65) benannte Zusammenhang zwischen Flussdichte und Feldstärke proportional ist. Ein polynomialer Zusammenhang höherer Ordnung wäre durchaus denkbar. Auch wird vorausgesetzt, dass die Dielektrizitätsfunktion ortsunabhängig ist, was jedoch für homogene und isotrope Medien der Fall ist [Fli97]. Selbstverständlich spielt die Korrektheit des Kausalitätsprinzips [vgl. Gl. (73)] eine fundamentale Rolle in der Herleitung. Wäre dies nicht erfüllt, so würde die Dielektrizitätsfunktion unter den obigen Annahmen mit Sicherheit die Dispersionsrelationen verletzen. Allerdings kann man beim Prinzip der Kausalität wohl von einer grundlegenden „Minimalvoraussetzung“ jedweder Art von Empirie sprechen.

Bei allen Einschränkungen lässt sich demnach festhalten, dass die Kramers-Kronig-Dispersionsrelationen einen sehr allgemeinen und voraussetzungsarmen Kalkül darstellen. Da Aussagen mit zunehmendem Allgemeingültigkeitsanspruch allerdings häufig in gleichem Maße an Aussagekraft einbüßen, stellt sich nun die Frage, ob, und wenn ja, welche physikalischen Vorgänge sich mittels dieser Gleichungen beschreiben lassen. Dieser Frage soll nun im Folgenden nachgegangen werden.

Betrachtet man die Gln. (78), so lässt sich unmittelbar feststellen, dass ein Zusammenhang zwischen Realteil und Imaginärteil bzw. zwischen Dispersion und Absorption besteht. Mehr noch, es lässt sich sofort erkennen, dass ein Medium genau dann dispersiv ist, wenn es absorptiv ist. Ohne Dispersion findet also auch keine Absorption statt und umgekehrt. Zur genaueren Beleuchtung der obigen Beziehung betrachte man nun den Fall eines sehr schmalen Absorptionsbandes um die Bindungsfrequenz ω_j. Im einfachsten Fall lässt sich dies durch

$$\mathrm{Im}[\epsilon_r(\omega)] = K\delta(\omega - \omega_j)$$

modellieren [Gre82], wobei K eine beliebige, positive Konstante darstelle. Setzt man den Imaginärteil nun in Gl. (78) ein, so erhält man:

$$\mathrm{Re}[\epsilon_r(\omega)] = 1 + \frac{2K\omega_j}{\pi(\omega_j^2 - \omega^2)}.$$

Der Realteil besitzt also einen Pol bei $\omega_j = \omega$. Auch wenn dieses Modell „unphysikalisch“ scheint, so lässt sich bereits erahnen, dass sich in der Nähe des Pols das Vorzeichen der Steigung ändert und somit Bereiche anomaler Dispersion auftreten. Diese Ahnung bestätigt sich, wenn man das einfache Absorptionsmodell modifiziert. Durch

$$\mathrm{Im}[\epsilon_r(\omega)] = \lambda[\Theta(\omega - \omega_1) - \Theta(\omega - \omega_2)], \text{ wobei } \omega_2 > \omega_1 > 0, \quad \lambda > 0,$$

wird ein endliches und konstantes Absorptionsband beschrieben [vgl. [Jac02], S. 402]. Untersucht man nun die Dispersionseigenschaften des Materials mittels Gl. (78), so ergibt sich

$$\begin{aligned}
\mathrm{Re}[\epsilon_r(\omega)] &= 1 + \frac{2\lambda}{\pi}\,\mathrm{C.H.}\int_0^\infty \frac{\omega'[\Theta(\omega' - \omega_1) - \Theta(\omega' - \omega_2)]}{\omega'^2 - \omega^2}\mathrm{d}\omega' \\
&= 1 + \frac{2\lambda}{\pi}\,\mathrm{C.H.}\int_{\omega_1}^{\omega_2} \frac{\omega'}{\omega'^2 - \omega^2}\mathrm{d}\omega' \\
&= 1 + \frac{\lambda}{\pi}\left[\ln\left(\left|\omega'^2 - \omega^2\right|\right)\right]_{\omega_1}^{\omega_2} \\
&= 1 + \frac{\lambda}{\pi}\ln\left|\frac{\omega_2^2 - \omega^2}{\omega_1^2 - \omega^2}\right|.
\end{aligned}$$

In Abb. 4 sind sowohl Real- als auch Imaginärteil der Dielektrizitätsfunktion aufgetragen. Man erkennt deutlich den Bereich anomaler Dispersion.

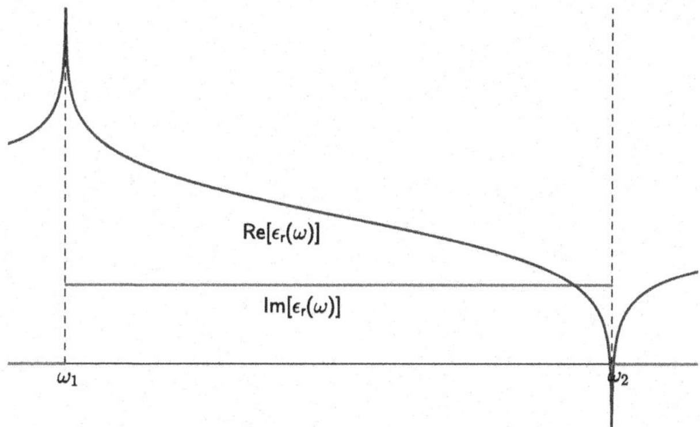

Abbildung 4: Einfaches Modell zur Beschreibung anomaler Dispersion.

Eine Ähnlichkeit zu dem bereits gezeigten Verlauf (vgl. Abb. 3) des Oszillatormodells ist nicht zu leugnen. Demnach lassen sich Effekte der Resonanzabsorption und der anomalen Dispersion also auch unabhängig von dem speziellen Oszillatormodell aus dem vorangegangenen Abschnitt beschreiben. Trotz ihrer hohen Abstraktion liefern die Kramers-Kronig-Relationen somit durchaus konkrete Vorhersagen, welche sich auch experimentell überprüfen lassen.

6 Klassische Streuung elektromagnetischer Wellen

In der Physik bezeichnet Streuung ganz allgemein die Ablenkung einer Teilchen- oder Wellenstrahlung aus ihrer ursprünglichen Richtung durch kleine, im allgemeinen atomare Teilchen, die *Streuzentren*. Die Richtungsänderung ist dabei auf eine Wechselwirkung der einfallenden Teilchen bzw. Quanten mit eben diesen Streuzentren zurückzuführen. Diesen Vorgang bezeichnet man als *Streuprozess* [Mue73]. In der klassischen Elektrodynamik kann man sich diesen Vorgang so vorstellen, dass eine (monochromatische) ebene elektromagnetische Welle die Materie des Streukörpers in irgendeiner Form anregt. Diese sendet dann in Folge dessen ihrerseits wieder elektromagnetische Strahlung aus. Selbige wird daher als gestreute Strahlung bezeichnet. Die physikalisch interessante Frage ist nun die, wie die gestreute Strahlung mit der eingehenden Strahlung und dem Streukörper in Verbindung steht. Als entscheidende Größe, welche genau diesen Zusammenhang charakterisiert, wird der sogenannte *Wirkungsquerschnitt* σ eingeführt. Eine genaue Definition dieses Begriffes soll in den folgenden Abschnitten geliefert werden. Zunächst erscheint es zur Einleitung in die durchaus komplexe Thematik der Streuung jedoch geboten, die genannten Begriffe anhand eines einfachen Beispiels zu erläutern. Daher soll nun der Fall der *Thomson-Streuung* untersucht werden.

6.1 Thomson-Streuung

Die Thomson-Streuung beschreibt den rudimentärsten Fall elektromagnetischer Streuung. Eine monochromatische ebene elektromagnetische Welle wird an einem freien, geladenen Teilchen gestreut. Die Idee ist nun die, dass die einlaufende Strahlung das geladene Teilchen in Bewegung versetzt und dieses daraufhin gemäß eines schwingenden Dipols seinerseits Strahlung emittiert. Die entsprechende formelle Beschreibung dieser Zusammenhänge soll im Folgenden erläutert werden. Als eine ebene Welle lässt sich das elektrische bzw. das magnetische Feld der einfallenden Strahlung durch

$$\begin{aligned} \vec{E} &= E_0\,\vec{\epsilon}\cos(\vec{q}\cdot\vec{r}-\omega t),\ \omega = c|\vec{q}|,\ \vec{\epsilon}^{\,2}=1 \text{ und } \hat{q}\cdot\vec{\epsilon}=0, \\ \vec{B} &= \frac{1}{c}\,\hat{q}\times\vec{E} \end{aligned} \tag{79}$$

beschreiben. Hierbei ist

$$c = \frac{1}{\sqrt{\epsilon_0\mu_0}} = 3\cdot 10^8\,\text{m/s}$$

die Ausbreitungsgeschwindigkeit elektromagnetischer Wellen im Vakuum, ausgedrückt durch die Dielektrizitätskonstante ϵ_0 und die Permeabilitätskonstante μ_0

des Vakuums. Der *Poyntingvektor* $\vec{S}$, also die Energiestromdichte einer solchen Welle, wird demnach durch

$$\begin{aligned}\vec{S} = \frac{1}{\mu_0}\,\vec{E}\times\vec{B} &= \frac{1}{Z_0}E_0^2\cos^2(\vec{q}\cdot\vec{r}-\omega t)[\vec{\epsilon}\times(\hat{q}\times\vec{\epsilon})]\\ &= \frac{1}{Z_0}E_0^2\cos^2(\vec{q}\cdot\vec{r}-\omega t)[\hat{q}|\vec{\epsilon}|^2-\vec{\epsilon}(\vec{\epsilon}\cdot\hat{q})]\\ &= \frac{1}{Z_0}E_0^2\cos^2(\vec{q}\cdot\vec{r}-\omega t)\hat{q}\end{aligned}$$

gegeben, wobei $Z_0 := c\mu_0$ den sogenannten *Wellenwiderstand* beschreibt. In der obigen Form ist der Poyntingvektor explizit zeitabhängig, schwankt also im Laufe der Zeit gemäß einer quadrierten Kosinusfunktion. Um eine greifbarere Kennzahl für die transportierte Energie zu erhalten, wird häufig nicht die explizit zeitabhängige Form sondern eine Art zeitliche Mittlung des Poyntingvektors $\langle\vec{S}\rangle$ angegeben. In dem oben betrachteten Fall führt dies mit $T = 2\pi/\omega$ zu

$$\begin{aligned}\langle\vec{S}\rangle &= \frac{\hat{q}}{T}\int\limits_0^T \frac{1}{Z_0}E_0^2\cos^2(\vec{q}\cdot\vec{r}-\omega t)\mathrm{d}t = \frac{1}{T\omega}\frac{1}{Z_0}E_0^2\;\hat{q}\int\limits_{\vec{q}\cdot\vec{r}-2\pi}^{\vec{q}\cdot\vec{r}}\cos^2(x)\mathrm{d}x\\ &= \frac{1}{Z_0}\frac{E_0^2}{2}\hat{q}.\end{aligned}$$

Damit ist die einlaufende Energiestromdichte also bekannt. Um nun den Poyntingvektor des auslaufenden Feldes zu bestimmen, muss naturgemäß ein Modell für das Zustandekommen dieser Strahlung zugrunde gelegt werden. Der Grundgedanke dieses Modells wurde oben bereits erläutert und soll nun auch mathematisch beschrieben werden. Die an der Stelle $\vec{r}$ auf ein Elektron (Masse m_e und Ladung $-e$) wirkende, relevante Kraft ist die durch

$$\vec{F} = m_e\ddot{\vec{r}} = -e(\vec{E}+\vec{v}\times\vec{B}) \tag{80}$$

gegebene Lorentzkraft. Im Rahmen dieses Modells soll nun davon ausgegangen werden, dass die Bewegung des Teilchens nichtrelativistisch ist, also $\beta = v/c \ll 1$ gilt. Außerdem wird vorausgesetzt, dass die Auslenkung des Teilchens vernachlässigbar zur Wellenlänge des eingestrahlten Lichts ist, also $|\vec{q}||\vec{r}| \ll 1$. Als Illustration diene der Quotient aus einer typischen atomaren Ausdehnung, $r = 0{,}1$ nm, und der Wellenlänge von sichtbarem Licht, $\lambda \approx (390 - 760)$ nm. Unter diesen Annahmen lässt sich Gl. (80) unter Zuhilfenahme des Gleichungssystems

(79) wie folgt umschreiben:

$$\begin{aligned}\vec{F} = m_e\ddot{\vec{r}} &= -e[\vec{E} + \vec{v} \times \vec{B}] \\ &\approx -e\vec{E} \\ &= -eE_0\vec{\epsilon}\cos(\vec{q}\cdot\vec{r} - \omega t) \\ &= -eE_0\vec{\epsilon}[\cos(\vec{q}\cdot\vec{r})\cos(\omega t) - \sin(\vec{q}\cdot\vec{r})\sin(\omega t)] \\ &\approx -eE_0\vec{\epsilon}\cos(\omega t).\end{aligned}$$

Hierbei ist im letzten Schritt die Annahme $|\vec{q}||\vec{r}| \ll 1$ eingeflossen. Als Differentialgleichung für das elektrische Dipolmoment $\vec{p} = -e\vec{r}$ ergibt sich aus der obigen Gleichung somit

$$\ddot{\vec{p}}(t) = \frac{e^2}{m_e}E_0\cos(\omega t)\vec{\epsilon}.$$

Die Strahlung eines so beschriebenen Dipols wird in großer Entfernung R durch die Felder

$$\begin{aligned}\vec{B}' &= \frac{\mu_0}{c}\frac{1}{4\pi R}\ddot{\vec{p}} \times \vec{n}' \quad \text{und} \\ \vec{E}' &= c\vec{B}' \times \vec{n}'\end{aligned}$$

gegeben, wobei $\vec{n}'$ die Beobachtungsrichtung beschreibt [LL76]. Analog zur vorangegangenen Rechnung lässt sich der Poyntingvektor der auslaufenden Strahlung $\vec{S}'$ wie folgt herleiten:

$$\begin{aligned}\vec{S}' = \frac{1}{\mu_0}\vec{E}' \times \vec{B}' &= \frac{c}{\mu_0}[(\vec{B}' \times \hat{n}') \times \vec{B}'] \\ &= \frac{c}{\mu_0}\left[\vec{n}'(\vec{B}' \cdot \vec{B}') - \vec{B}'(\vec{B}' \cdot \hat{n}')\right] \\ &= \frac{\mu_0}{c}\left(\frac{1}{4\pi}\right)^2\frac{1}{R^2}\left(\ddot{\vec{p}} \times \vec{n}'\right)^2\vec{n}' \\ &= \frac{\mu_0}{c}\left(\frac{e^2}{4\pi m_e}\right)^2\frac{1}{R^2}E_0^2\cos^2(\omega t)(\vec{\epsilon} \times \hat{n}')^2\hat{n}'.\end{aligned}$$

Auch in diesem Fall ist es wieder sinnvoll, den gemittelten Poyntingvektor $\langle\vec{S}'\rangle$ zu untersuchen. Mit den Erkenntnissen aus den Berechnungen der einlaufenden Welle, ergibt sich dieser analog zu:

$$\langle\vec{S}'\rangle = \frac{\mu_0}{c}\left(\frac{e^2}{4\pi m_e}\right)^2\frac{1}{R^2}\frac{E_0^2}{2}(\vec{\epsilon} \times \hat{n}')^2\hat{n}'.$$

Man erkennt also, dass die auslaufende Energiestromdichte von der Amplitude und der räumlichen Anordnung des Polarisationsvektors und der Beobachtungsrichtung abhängt. Um diesen Zusammenhang genauer zu verstehen, bietet es sich an, den Wirkungsquerschnitt des Streuprozesses nun genauer vorzustellen. Der Wirkungsquerschnitt wurde als Charakterisierungsgröße für Streuprozesse eingeführt. Man unterscheidet dabei häufig zwischen dem *differentiellen Wirkungsquerschnitt* $\mathrm{d}\sigma/\mathrm{d}\Omega$ und dem *totalen Wirkungsquerschnitt* σ. Diese beiden Größen lassen sich folgendermaßen definieren: Man betrachte eine Kugelsphäre K mit Radius R um das Streuzentrum. Der totale und der differentielle Wirkungsquerschnitt sind dann durch

$$\sigma_T = \oiint_K \frac{\langle \vec{S}' \rangle}{|\langle \vec{S} \rangle|} \cdot \mathrm{d}\vec{A} = \oiint_K R^2 \hat{n}' \cdot \frac{\langle \vec{S}' \rangle}{|\langle \vec{S} \rangle|} \mathrm{d}\Omega =: \oiint_K \frac{\mathrm{d}\sigma}{\mathrm{d}\Omega} \mathrm{d}\Omega \tag{81}$$

gegeben. Bevor nun diese beiden Kenngrößen für den Fall der Thomson-Streuung berechnet werden, sollen sie kurz interpretiert werden. Betrachtet man obige Gleichung, so erkennt man, dass $\mathrm{d}\sigma/\mathrm{d}\Omega$ im Wesentlichen die Winkelverteilung der gestreuten Leistung beschreibt. Allerdings wird dabei nicht die absolute gestreute Leistung betrachtet, sondern die gestreute Leistung wird relativ zu der pro Einheitsfläche eingestrahlten Leistung untersucht. Dies hat den Vorteil, dass der differentielle Wirkungsquerschnitt somit unabhängig von der eingestrahlten Energiestromdichte ist und folglich eine modellcharakterisierende physikalische Größe darstellt (bspw. der Thomson-Streuung). Nach diesen Erläuterungen lässt sich auch der totale Wirkungsquerschnitt σ folgendermaßen interpretieren: Als Integral des differentiellen Wirkungsquerschnittes über die gesamte Kugelsphäre beschreibt der totale Wirkungsquerschnitt also das Verhältnis aus der gesamten gestreuten Leistung und der eingestrahlten Leistungsflächendichte.
Wie angekündigt sollen nun also die soeben erläuterten Kenngrößen im Rahmen der Thomson-Streuung untersucht werden. Dazu bietet es sich an, zunächst das Verhältnis

$$\frac{\langle \vec{S}' \rangle}{|\langle \vec{S} \rangle|} = \mu_0^2 \left(\frac{e^2}{4\pi m_e} \right)^2 \frac{1}{R^2} (\vec{\epsilon} \times \hat{n}')^2 \hat{n}' =: r_e^2 \frac{1}{R^2} (\vec{\epsilon} \times \hat{n}')^2 \hat{n}' \quad \text{mit} \quad r_e = \frac{e^2 \mu_0}{4\pi m_e} \tag{82}$$

zu bilden. Hier beschreibt die Konstante $r_e = 2{,}8 \cdot 10^{-15}$ m den *klassischen Elektronenradius.* Wählt man nun ein Koordinatensystem derart, dass die Welle in z-Richtung einfällt und $\vec{\epsilon}$ auf der x-Achse liegt, dann lässt sich das Kreuzprodukt schreiben als

$$(\vec{\epsilon} \times \hat{n}')^2 = (\vec{\epsilon})^2 (\hat{n}')^2 - (\vec{\epsilon} \cdot \hat{n}')^2 = 1 - (\cos\phi \sin\theta)^2 = 1 - \cos^2\phi \sin^2\theta,$$

wobei $\hat{n}'$ in Kugelkoordinaten durch $(\cos\phi \sin\theta, \sin\phi \sin\theta, \cos\theta)$ gegeben ist. Vergleicht man nun Gl. (82) mit Def. (81), so ergibt sich für den differentiellen Wirkungsquerschnitt demnach

$$\frac{\mathrm{d}\sigma}{\mathrm{d}\Omega}_{\text{polarisiert}} = r_e^2 (1 - \cos^2\phi \sin^2\theta). \tag{83}$$

Um nun auch den Wirkungsquerschnitt für unpolarisiertes Licht zu bestimmen, nutzt man die Tatsache aus, dass sich in z-Richtung einfallendes, unpolarisiertes Licht durch eine Linearkombination aus in x- bzw. y-Richtung polarisiertes Licht beschreiben lässt. Man betrachtet also die Polarisationsvektoren $\vec{\epsilon}_x = \hat{e}_x$ bzw. $\vec{\epsilon}_y = \hat{e}_y$ und berechnet damit den differentiellen Wirkungsquerschnitt wie folgt:

$$\begin{aligned}\frac{\mathrm{d}\sigma}{\mathrm{d}\Omega}_{\text{unpolarisiert}} &= \frac{1}{2}r_e^2[(\vec{\epsilon}_x \times \hat{n}')^2 + (\vec{\epsilon}_y \times \hat{n}')^2] \\ &= \frac{1}{2}r_e^2\{[1-(\hat{\epsilon}_x \cdot \hat{n}')^2] + [1-(\hat{\epsilon}_y \cdot \hat{n}')^2]\} \\ &= \frac{1}{2}r_e^2\{[1-(\cos\phi\sin\theta)^2] + [1-(\sin\phi\sin\theta)^2]\} \\ &= \frac{1}{2}r_e^2(2-\sin^2\theta) \\ &= \frac{1}{2}r_e^2(1+\cos^2\theta). \end{aligned} \tag{84}$$

In Abb. 5 sind die beiden Wirkungsquerschnitte aufgetragen. Während der po-

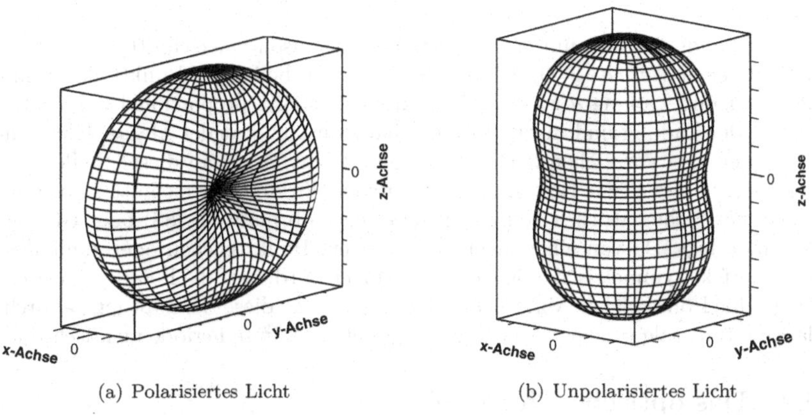

(a) Polarisiertes Licht

(b) Unpolarisiertes Licht

Abbildung 5: Differentieller Wirkungsquerschnitt der Thomson-Streuung. Das Licht fällt in z-Richtung ein. Der Betrag der Ortsvektoren auf der Fläche gibt die relative abgestrahlte Leistung in dieses infinitesimale Flächenelement an.

larisierte differentielle Wirkungsquerschnitt explizit von beiden Winkeln θ und ϕ abhängt, besitzt der unpolarisierte Wirkungsquerschnitt eine azimutale Symmetrie. Außerdem ist festzuhalten, dass die abgestrahlte Leistung in z-Richtung maximal ist. Interessant ist dabei auch, dass die abgestrahlte Leistung sowohl in

Vorwärts- als auch in Rückwärts-Streurichtung identisch ist. Diese Tatsache wird im Rahmen der Compton-Streuung (vgl. Abschn. 7.6) noch diskutiert werden. Bevor dies jedoch geschieht, gilt es zuvor noch den totalen Wirkungsquerschnitt zu berechnen. Nach Def. (81) ist es dafür vonnöten, das Doppelintegral

$$\sigma_T = \int_0^{2\pi}\int_0^{\pi} r_e^2 \sin\theta[1-\cos^2\phi\sin^2\theta]\mathrm{d}\theta\mathrm{d}\phi$$

zu lösen. Dafür bietet es sich an, die Substitution $x = \cos(\theta)$ vorzunehmen. Damit lässt sich die Integration dann folgendermaßen durchführen:

$$\begin{aligned}\sigma_T &= r_e^2\int_0^{2\pi}\int_0^{\pi}\sin\theta[1-\cos^2\phi\sin^2\theta]\mathrm{d}\theta\mathrm{d}\phi &&= r_e^2\int_0^{2\pi}\int_{-1}^{1}[1-\cos^2\phi\,(1-x^2)]\mathrm{d}x\mathrm{d}\phi\\ &= r_e^2\int_0^{2\pi}\left[2-\frac{4}{3}\cos^2\phi\right]\mathrm{d}\phi &&= \left(4\pi-\frac{4}{3}\pi\right)r_e^2\\ &= \frac{8\pi}{3}r_e^2.\end{aligned}$$

Hierbei handelt es sich um den sogenannten Thomson-Querschnitt, der den experimentellen Wert $\sigma_T = 0,665$ barn hat. Für ein beliebiges Punktteilchen mit Masse m und Ladung q ist der Thomson-Querschnitt proportional zur vierten Potenz der Ladung und invers proportional zum Quadrat der Masse. Insbesondere spielt das Vorzeichen der Ladung keine Rolle. Es sei an dieser Stelle noch angemerkt, dass es zur Berechnung des totalen Wirkungsquerschnittes aus physikalischer Sicht natürlich völlig egal sein muss, ob man Gl. (83) oder Gl. (84) zugrunde legt. Da von einer Streuung an einem Punktteilchen oder zumindest einer perfekt symmetrischen Kugel ausgegangen wird, darf die Polarisationsrichtung keine Rolle spielen. Mathematisch bestätigt sich diese Behauptung dadurch, dass die Integrale von $\cos^2\phi$ und $\sin^2\phi$ über eine gesamte Periode identisch sind.

6.2 Das optische Theorem

In dem vorangegangenen Abschnitt wurden mittels eines konkreten Modells die gestreuten Felder berechnet und somit auf den Wirkungsquerschnitt des untersuchten Vorgangs geschlossen. In diesem Abschnitt soll nun eine weitaus allgemeinere Beziehung hergeleitet werden, welche den totalen Wirkungsquerschnitt mit der *Vorwärtsstreuamplitude* in Verbindung setzt. Diese Beziehung wird als das *optische Theorem* bezeichnet. Dieses hat seinen Ursprung, wie nun gezeigt wird, in der klassischen Elektrodynamik. Allerdings besitzt das ebenso bezeichnetete Analogon dieses Theorems in der Quantenphysik gegenwärtig eine weitaus größere Bedeutung. Um nichts weniger erscheint es dennoch lohnenswert, den Ursprung dieses Theorems im Folgenden kurz zu beleuchten. Den Zugang zur Herleitung des optischen Theorems bietet das *Vektoräquivalent des Kirchhoff'schen Beugungsintegrals* ([Jac02], Kap. 10.6). Dies mag zunächst ungewöhnlich erscheinen, da Beugung im Allgemeinen die Ablenkung von Licht an Hindernissen wie bspw. Kanten oder Einzel- und Mehrfachspalten beschreibt. Allerdings lassen sich Beugungsphänomene ganz allgemein dadurch beschreiben, dass eine Quelle Strahlung aussendet, die eine Fläche S_1 passiert, dort in irgendeiner Form umgelenkt wird und anschließend auf einer Fläche S_2 detektiert wird. Diese Beschreibung lässt sich nun leicht auf den Fall der Streuung umdeuten, indem man einfach die Quelle durch einen angestrahlten Streukörper ersetzt (vgl. Abb. 6). Geht man nun überdies davon aus, dass die Fläche S_2 im Unendlichen liegt, so

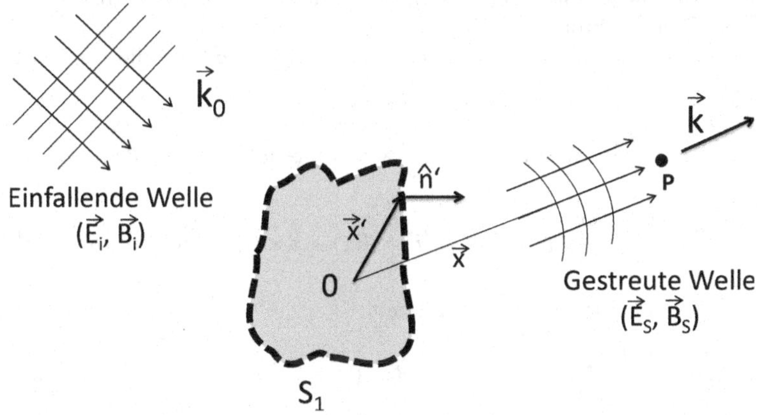

Abbildung 6: Geometrische Verhältnisse bei der Streuung [Jac02], S. 560.

führt dies auf das angesprochene vektorielle Kirchhoff'sche Integral [Jac02]:

$$\vec{E}_S(\vec{x}) = \oint_{S_1} [\mathrm{i}\omega(\vec{n}' \times \vec{B}_S)G_k + (\vec{n}' \times \vec{E}_S) \times \vec{\nabla}' G_k + (\vec{n}' \cdot \vec{E}_S)\vec{\nabla}' G_k] \mathrm{d}a'. \quad (85)$$

Hierbei beschreibt G_k zunächst die Green'sche Funktion der sogenannten *Helmholtz'schen Wellengleichung*

$$(\Delta + k^2)\, G_k(\vec{x}, \vec{x}') = -\delta(\vec{x} - \vec{x}').$$

Der Index S in Gl. (85) deutet an, dass es sich bei den untersuchten Feldern um diejenigen der gestreuten Welle handelt. Berücksichtigt man nun die Tatsache, dass die gestreuten Wellen in einem großen Abstand zum Streuzentrum beobachtet werden sollen, so führt dies auf folgende Vereinfachungen [Jac02]:

$$\begin{aligned} G_k(\vec{x},\vec{x}') &\to \frac{1}{4\pi}\frac{\exp(\mathrm{i}kr)}{r}\mathrm{e}^{-\mathrm{i}\vec{k}\cdot\vec{x}'}, \\ \vec{\nabla}'G_k &\to -\mathrm{i}\vec{k}G_k, \\ \vec{E}_S(\vec{x}) &\to \frac{\exp(\mathrm{i}kr)}{r}\vec{F}(\vec{k},\vec{k}_0). \end{aligned} \tag{86}$$

Hierbei beschreibt $\vec{k}_0$ den Wellenvektor der einfallenden Welle, $\vec{k}$ den Wellenvektor in Beobachtungsrichtung und $\vec{F}(\vec{k},\vec{k}_0)$ die vektorielle Streuamplitude. Insbesondere gilt $|\vec{k}| = |\vec{k}_0|$. Wie aus Gl. (86) bereits ersichtlich wird, beschreibt die Streuamplitude die Gestalt der gestreuten Felder für weite Entfernungen vom Streuzentrum in Abhängigkeit des einfallenden Wellenvektors $\vec{k}_0$ bzw. des ausfallenden Wellenvektors $\vec{k}$.
Setzt man nun die obigen Näherungen in Gl. (85) ein, so führt dies zunächst auf [Jac02]:

$$\begin{aligned} \frac{\mathrm{e}^{ikr}}{r}\vec{F}(\vec{k},\vec{k}_0) &= \oint_{S_1} \left[\mathrm{i}\omega(\vec{n}'\times\vec{B}_S)G_k + (\vec{n}'\times\vec{E}_S)\times(-\mathrm{i}\vec{k}G_k) + (\vec{n}'\cdot\vec{E}_S)(-\mathrm{i}\vec{k}G_k)\right]\mathrm{d}a' \\ &= \frac{1}{4\pi}\frac{\mathrm{e}^{ikr}}{r}\mathrm{i}\oint_{S_1}\mathrm{e}^{-\mathrm{i}\vec{k}\cdot\vec{x}'}\left[\omega(\vec{n}'\times\vec{B}_S) + \vec{k}\times(\vec{n}'\times\vec{E}_S) - \vec{k}\,(\vec{n}'\cdot\vec{E}_S)\right]\mathrm{d}a'. \end{aligned}$$

Für die Streuamplitude ergibt sich damit

$$\vec{F}(\vec{k},\vec{k}_0) = \frac{\mathrm{i}}{4\pi}\oint_{S_1}\mathrm{e}^{-\mathrm{i}\vec{k}\cdot\vec{x}'}\left[\omega(\vec{n}'\times\vec{B}_S) + \vec{k}\times(\vec{n}'\times\vec{E}_S) - \vec{k}\,(\vec{n}'\cdot\vec{E}_S)\right]\mathrm{d}a'.$$

Zur Herleitung des optischen Theorems ist es zweckmäßig, die obige Gleichung mit dem komplex konjugierten Polarisationsvektor $\vec{\epsilon}^*$ der gestreuten Welle skalar zu multiplizieren. Vermöge der Tatsache, dass dieser senkrecht auf dem Wellenvektor $\vec{k}$ steht, ergibt sich somit:

$$\vec{\epsilon}^*\cdot\vec{F}(\vec{k},\vec{k}_0) = \frac{\mathrm{i}}{4\pi}\oint_{S_1}\mathrm{e}^{-\mathrm{i}\vec{k}\cdot\vec{x}'}\left\{\omega\vec{\epsilon}^*\cdot(\vec{n}'\times\vec{B}_S) + \vec{\epsilon}^*\cdot[\vec{k}\times(\vec{n}'\times\vec{E}_S)]\right\}\mathrm{d}a'. \tag{87}$$

Diese Form des Kirchhoff'schen Integrals beinhaltet nun die Streuamplitude. Die Beziehung (87) liefert also „eine Seite“ des optischen Theorems. Um nun eine Verbindung zu dem totalen Wirkungsquerschnitt σ_t herzustellen, gilt es, die durch Absorption und Streuung abgegebene Gesamtleistung P mit Hilfe der Felder zu beschreiben. Dazu seien die Gesamtfelder in jedem Punkt durch

$$\vec{E} = \vec{E}_i + \vec{E}_S \quad \text{und} \quad \vec{B} = \vec{B}_i + \vec{B}_S$$

gegeben, wobei die einlaufenden Felder mit i indiziert und die gestreuten mit S gekennzeichnet seien. Untersucht man nun die absorbierte Leistung, so lässt sich diese anschaulich durch die Differenz aus der in die Fläche einlaufenden und der aus der Fläche auslaufenden Strahlung beschreiben. Denn würden keine elektromagnetischen Wellen absorbiert werden, so müsste alle Strahlung, die in die Fläche eintritt, diese auch wieder verlassen. Mathematisch lässt sich dies durch

$$P_{\text{Abs.}} = -\frac{1}{2\mu_0} \oint\limits_{S_1} \text{Re}(\vec{E} \times \vec{B}^*) \cdot \vec{n}' \text{d}a' \tag{88}$$

beschreiben. Da der einlaufende Fluss untersucht werden soll, die Oberflächennormale $\vec{n}'$ aber nach außen gerichtet ist, trägt die obige Gleichung ein negatives Vorzeichen.

Neben der absorbierten ist auch die gestreute Strahlung relevant. Da die Umgebung um den Streukörper als quellenfrei angenommen wird, lässt sich die gestreute Leistung einfach durch

$$P_S = \frac{1}{2\mu_0} \oint\limits_{S_1} \text{Re}(\vec{E}_S \times \vec{B}_S^*) \cdot \vec{n}' \text{d}a' \tag{89}$$

berechnen. Um nun die aus Absorption und Streuung bestehende Gesamtleistung P zu berechnen, muss die Summe aus Gl. (88) und Gl. (89) gebildet werden. Es gilt also:

$$\begin{aligned} P &= -\frac{1}{2\mu_0} \oint\limits_{S_1} \text{Re}[\vec{E} \times \vec{B}^* - \vec{E}_S \times \vec{B}_S^*] \cdot \vec{n}' \text{d}a' \\ &= -\frac{1}{2\mu_0} \oint\limits_{S_1} \text{Re}[\vec{E}_i \times \vec{B}_i^* + \vec{E}_i \times \vec{B}_S^* + \vec{E}_S \times \vec{B}_i^* + \vec{E}_S \times \vec{B}_S^* - \vec{E}_S \times \vec{B}_S^*] \cdot \vec{n}' \text{d}a' \\ &= -\frac{1}{2\mu_0} \oint\limits_{S_1} \text{Re}[\vec{E}_i \times \vec{B}_i^* + \vec{E}_i^* \times \vec{B}_S + \vec{E}_S \times \vec{B}_i^*] \cdot \vec{n}' \text{d}a'. \end{aligned}$$

Da die einlaufende Welle, für sich betrachtet, das Streuobjekt ungehindert passiert, fließt deren Energie, die in die Fläche S_1 eindringt, auch wieder aus dieser hinaus.[7] Demnach gilt

$$\vec{\nabla} \cdot [\text{Re}(\vec{E}_i \times \vec{B}_i^*)] \equiv 0 \tag{90}$$

[7] Diese Tatsache ist erklärungsbedürftig und wird am Ende dieses Abschnittes noch weiter ausgeführt. An dieser Stelle sei diese Aussage zunächst zu akzeptieren.

und mit Hilfe des *Gauß'schen Integralsatzes* [WK06] lässt sich so die Summe aus absorbierter und gestreuter Leistung zu

$$P = -\frac{1}{2\mu_0} \oint_{S_1} \mathrm{Re}[\vec{E}_S \times \vec{B}_i^* + \vec{E}_i^* \times \vec{B}_S] \cdot \vec{n}' \mathrm{d}a' \tag{91}$$

vereinfachen. Benutzt man für die einfallenden Wellen die Ausdrücke

$$\vec{E}_i = E_0 \, \vec{\epsilon}_0 \, \mathrm{e}^{\mathrm{i}\vec{k}_0 \cdot \vec{x}},$$
$$c\vec{B}_i = \frac{1}{k} \, \vec{k}_0 \times \vec{E}_i, \quad k = |\vec{k}_0|,$$

so lässt sich einerseits die Behauptung (90) leicht nachprüfen, andererseits ergibt sich für die Gesamtleistung aus Gl. (91):

$$\begin{aligned} P &= -\frac{1}{2\mu_0}\mathrm{Re}\left\{ E_0^* \oint_{S_1} \mathrm{e}^{-\mathrm{i}\vec{k}_0\cdot\vec{x}'} \left[\frac{1}{ck}\vec{E}_S \times (\vec{k}_0 \times \vec{\epsilon}_0^{\,*}) \cdot \vec{n}' + (\vec{\epsilon}_0^{\,*} \times \vec{B}_S) \cdot \vec{n}' \right] \mathrm{d}a' \right\} \\ &= -\frac{1}{2\mu_0}\mathrm{Re}\left\{ E_0^* \oint_{S_1} \mathrm{e}^{-\mathrm{i}\vec{k}_0\cdot\vec{x}'} \left[\frac{(\vec{k}_0\cdot\vec{n}')(\vec{E}_S\cdot\vec{\epsilon}_0^{\,*}) - (\vec{\epsilon}_0^{\,*}\cdot\vec{n}')(\vec{E}_S\cdot\vec{k}_0)}{ck} \right.\right. \\ &\qquad \left.\left. -\vec{\epsilon}_0^{\,*} \cdot (\vec{n}' \times \vec{B}_S) \right] \mathrm{d}a' \right\} \\ &= \frac{1}{2\mu_0}\mathrm{Re}\left\{ E_0^* \oint_{S_1} \mathrm{e}^{-\mathrm{i}\vec{k}_0\cdot\vec{x}'} \left[\vec{\epsilon}_0^{\,*} \cdot \frac{\vec{k}_0 \times (\vec{n}' \times \vec{E}_S)}{ck} + \vec{\epsilon}_0^{\,*} \cdot (\vec{n}' \times \vec{B}_S) \right] \mathrm{d}a' \right\}. \end{aligned}$$

Vergleicht man diese Beziehung nun mit Gl. (87), so lässt sich für die Vorwärtsstreuamplitude (d. h. $\vec{k} = \vec{k}_0$ und $\vec{\epsilon} = \vec{\epsilon}_0$) und die Gesamtleistung folgender Zusammenhang feststellen:

$$P = \frac{2\pi}{k \cdot c \cdot \mu_0} \mathrm{Im}[E_0^* \, \vec{\epsilon}_0^{\,*} \cdot \vec{F}(\vec{k}_0, \vec{k}_0)] = \frac{2\pi}{kZ_0} \mathrm{Im}[E_0^* \, \vec{\epsilon}_0^{\,*} \cdot \vec{F}(\vec{k}_0, \vec{k}_0)], \tag{92}$$

wobei Z_0 erneut den Wellenwiderstand des Vakuums bezeichnet. Wie im vorangegangenen Abschnitt gezeigt, lässt sich der totale Wirkungsquerschnitt als das Verhältnis aus Gesamtleistung und einfallender Leistungsflächendichte beschreiben. Ist zudem noch bekannt, dass letztere durch $|\vec{S}| = |E_0|^2/(2Z_0)$ gegeben ist, so lässt sich die Gesamtleistung P schreiben als:

$$P = \sigma_t \frac{|E_0|^2}{2Z_0}. \tag{93}$$

In ähnlicher Weise lässt sich eine normierte vektorielle Streuamplitude $\vec{f}$ der am Ursprung einfallenden Welle durch

$$\vec{f}(\vec{k}, \vec{k}_0) = \frac{\vec{F}(\vec{k}, \vec{k}_0)}{E_0} \tag{94}$$

definieren. Mit Hilfe der Gleichungen (93) und (94) lässt sich nun schlussendlich das optische Theorem aus Gl. (92) zu

$$\sigma_t = \frac{4\pi}{k}\mathrm{Im}\left[\vec{\epsilon}_0^{\,*} \cdot \vec{f}(\vec{k}_0, \vec{k}_0)\right] \tag{95}$$

herleiten ([Jac02], Kap. 10).
Es soll nun noch kurz versucht werden, die obige Gleichung zumindest etwas zu veranschaulichen und ihren Gehalt zu interpretieren. Dafür ist es hilfreich, Gl. (90) erneut zu untersuchen. Diese Behauptung wurde damit begründet, dass die einlaufende Welle das Streuobjekt unverändert passiert. Insbesondere wurde daraus gefolgert, dass die Energie, die diese Welle transportiert, vor und nach dem Streuprozess unverändert bleibt. Auf den ersten Blick erscheint diese Behauptung durchaus fragwürdig. Erstellt man nämlich eine Energiebilanz vor und nach dem Streuvorgang, so muss man Folgendes konstatieren: Vor dem Streuprozess steht die Leistung der einlaufenden Welle, nach dem Vorgang die unveränderte Leistung der auslaufenden Welle plus die Leistung der gestreuten Welle. Wie lässt sich dies mit dem Prinzip der Energieerhaltung vereinbaren? Offensichtlich muss destruktive Interferenz zwischen der gestreuten und der einlaufenden Welle stattfinden. Da die auslaufende Welle jedoch durch eine Kugelwelle und die einlaufende Welle durch eine ebene Welle beschrieben wird, kann diese Interferenz nur in Vorwärtsrichtung stattfinden. Zudem lässt sich der Betrag der „weginterferierten" Energie ganz genau bestimmen. Um die oben aufgestellt Energiebilanz wieder zurechtzurücken, muss die transportierte Energie der einlaufenden Welle durch Interferenz um den Betrag der gestreuten Leistung verringert worden sein. Die gestreute Leistung wird aber gerade durch den totalen Wirkungsquerschnitt σ_t beschrieben. Somit lässt sich zumindest anschaulich verstehen, warum die Vorwärtsstreuamplitude mit dem totalen Wirkungsquerschnitt in Verbindung zu bringen ist, auch wenn Details wie das Bilden des Imaginärteils und die Vorfaktoren auf diese Weise sicherlich nicht ohne Probleme plausibilisiert werden können [Nol04].

7 Streuung in der Quantenphysik

7.1 Wahrscheinlichkeitsstromdichte

Der Begriff der *Wahrscheinlichkeitsstromdichte* erschließt sich im Rahmen der Quantenmechanik aus der in ihr gültigen *Kontinuitätsgleichung.* Kontinuitätsgleichungen finden sich in vielen Bereichen der Physik. Sie beschreiben dabei immer lokale Erhaltungssätze. Beispielsweise beschreibt die Kontinuitätsgleichung der Elektrodynamik die Tatsache, dass die Ladung innerhalb eines Volumenelementes genau in dem Maße zu oder abnimmt, in dem Ladungen in das Volumen hinein- oder herausfließen. Sei ganz allgemein ρ die Dichte einer Erhaltungsgröße und $\vec{j}$ der Fluss dieser Größe, dann besagt die Kontinuitätsgleichung bei Quellen- bzw. Senkenfreiheit, dass

$$\frac{\partial \rho}{\partial t} + \vec{\nabla} \cdot \vec{j} = 0 \tag{96}$$

gilt. Innerhalb der nichtrelativistischen Quantenmechanik kann die Aufenthaltswahrscheinlichkeit als globale Erhaltungsgröße angesehen werden. Wenn das Teilchen nämlich nicht vernichtet wurde, beträgt die Wahrscheinlichkeit, das Partikel irgendwo im Raum zu finden, gleich eins. Im Sinne der *Born'schen Wahrscheinlichkeitsinterpretation* beschreibt $\rho = |\Psi|^2$ die Aufenthaltswahrscheinlichkeitsdichte. Mit Hilfe dieser Interpretation und Gl. (96), lässt sich $\vec{j}$ als Wahrscheinlichkeitsstromdichte nun folgendermaßen herleiten:
Sicherlich muss Ψ die *Schrödinger-Gleichung*

$$\mathrm{i}\hbar \frac{\partial}{\partial t} \Psi(\vec{x}, t) = \hat{H} \Psi(\vec{x}, t)$$

erfüllen, wobei $\hat{H}$ den durch

$$\hat{H} = -\frac{\hbar^2}{2m} \Delta + V(\vec{x})$$

definierten *Hamilton-Operator* beschreibt. Im Rahmen der Quantenmechanik wird postuliert, dass dieser Operator hermitesch ist. Insbesondere bedeutet dies, dass das Potential V reell sein muss. Für die folgende Herleitung ist diese Forderung unverzichtbar. Berücksichtigt man nun diese Tatsachen, so ergibt sich zunächst

$$\frac{\partial}{\partial t} \rho = \Psi^* \frac{\partial}{\partial t} \Psi + \Psi \frac{\partial}{\partial t} \Psi^* = \frac{1}{\mathrm{i}\hbar} (\Psi^* \hat{H} \Psi - \Psi \hat{H} \Psi^*)$$

und nach Einsetzen des Hamilton-Operators

$$\begin{aligned}\frac{\partial}{\partial t}\rho &= \frac{\mathrm{i}\hbar}{2m}(\Psi^*\Delta\Psi - \Psi\Delta\Psi^*)\\ &= \frac{\mathrm{i}\hbar}{2m}\left[(\vec{\nabla}\Psi^*)\cdot(\vec{\nabla}\Psi^*) + \Psi^*\Delta\Psi - (\vec{\nabla}\Psi)\cdot(\vec{\nabla}\Psi^*) - \Psi\Delta\Psi^*\right]\\ &= \frac{\mathrm{i}\hbar}{2m}\vec{\nabla}\cdot(\Psi^*\vec{\nabla}\Psi - \Psi\vec{\nabla}\Psi^*).\end{aligned}$$

Ein Vergleich dieser Beziehung mit Gl. (96) führt schlussendlich zur gewünschten Form der Wahrscheinlichkeitsstromdichte [CTDL99a]:

$$\vec{j} = \frac{\mathrm{i}\hbar}{2m}(\Psi\vec{\nabla}\Psi^* - \Psi^*\vec{\nabla}\Psi). \tag{97}$$

Mittels dieser Wahrscheinlichkeitsstromdichte lassen sich totaler und differentieller Wirkungsquerschnitt σ und $\mathrm{d}\sigma/\mathrm{d}\Omega$ nun als

$$\sigma = \int \frac{\mathrm{d}\sigma}{\mathrm{d}\Omega}\mathrm{d}\Omega = \int \frac{\vec{j}_{\text{out}}\cdot\hat{e}_r\, r^2}{|\vec{j}_{\text{in}}|}\mathrm{d}\Omega \tag{98}$$

definieren [Sch00]. Vergleicht man diesen Ausdruck nun mit der in Kap. 6 beschriebenen Definition des differentiellen Wirkungsquerschnittes für die Streuung elektromagnetischer Wellen, so erkennt man gewisse Ähnlichkeiten. In beiden Fällen wird das Verhältnis aus einem auslaufendem Strom und einer einlaufenden Stromdichte gebildet. Innerhalb der Elektrodynamik ist die entscheidende Erhaltungsgröße die Energie. Die Winkelverteilung ihres Flusses wird durch den differentiellen Wirkungsquerschnitt beschrieben. Innerhalb der Quantenmechanik ist die Aufenthaltswahrscheinlichkeit die relevante Erhaltungsgröße. Auch hier beschreibt der entsprechende Wirkungsquerschnitt die Winkelverteilung ihres Flusses. Noch deutlicher wird der Zusammenhang, wenn man die Streuung vieler Teilchen an einem Streuobjekt untersucht. In diesem Fall geht der Wahrscheinlichkeitsfluss in einen zu erwartenden Teilchenfluss über und die relevante Erhaltungsgröße ist die Teilchenzahl. Somit kann man den Wirkungsquerschnitt, vermöge der Einstein'schen Massen-Energie-Äquivalenz, dann wieder als Winkelverteilung der abgestrahlten Leistung interpretieren. Umgekehrt lässt sich der Energiestrom des Lichts auch als ein Teilchenstrom von Photonen beschreiben. In diesem Sinne sind die beiden Definitionen konsistent. Ihnen liegt lediglich jeweils eine andere Modellvorstellung zugrunde [CTDL99b].

Nach diesen ausführlichen Erläuterungen soll nun die elastische Streuung unter quantenphysikalischen Aspekten genauer untersucht werden. Man betrachtet den Streuvorgang dazu als stationär, also zeitunabhängig. Der einfallende Strahl wird dabei durch eine stationäre, in z-Richtung einlaufende, ebene Welle und der ausfallende Strahl durch eine ebenfalls stationäre, auslaufende Kugelwelle beschrieben. Im Folgenden wird angenommen, dass das Potential kugelsymmetrisch und von endlicher Reichweite ist. Somit hat das Wellenfeld in seiner asymptotischen Form ($r \to \infty$) folgende Gestalt:

$$\Psi(\vec{x}) = \Psi_{\text{in}}(\vec{x}) + \Psi_{\text{out}}(\vec{x}) \sim \mathrm{e}^{\mathrm{i}kz} + f(\theta)\frac{\mathrm{e}^{\mathrm{i}kr}}{r}, \quad k = \frac{|\vec{p}|}{\hbar}. \tag{99}$$

Dieser Ansatz ist auch als *Sommerfeld'sche Ausstrahlungsbedingung* bekannt. In Gl. (99) beschreibt $f(\theta)$ offensichtlich die Amplitude der gestreuten Welle. Daher wird $f(\theta)$ auch als *Streuamplitude* bezeichnet. Die Tatsache, dass $f(\theta)$ die gestreute Welle in Abhängigkeit des Polarwinkels beschreibt, legt den Verdacht nahe, dass ein Zusammenhang zwischen dieser Größe und dem differentiellen Wirkungsquerschnitt besteht. Dazu betrachtet man zunächst $\vec{j}_{\text{in}}$, also die einlaufende Wahrscheinlichkeitsstromdichte. Nach Gl. (97) ergibt sich diese zu:

$$\vec{j}_{\text{in}} = \frac{\mathrm{i}\hbar}{2m}\left[\mathrm{e}^{\mathrm{i}kz}(-\mathrm{i}k)\mathrm{e}^{-\mathrm{i}kz} - \mathrm{e}^{-\mathrm{i}kz}(\mathrm{i}k)\mathrm{e}^{\mathrm{i}kz}\right]\hat{e}_z = \frac{\hbar k}{m}\hat{e}_z. \tag{100}$$

Nun gilt es auch $\vec{j}_{\text{out}}$ zu berechnen. Da die auslaufende Welle in Kugelkoordinaten beschrieben wird, muss berücksichtigt werden, dass

$$\vec{\nabla} = \hat{e}_r\frac{\partial}{\partial r} + \hat{e}_\theta\frac{1}{r}\frac{\partial}{\partial\theta} + \hat{e}_\phi\frac{1}{r\sin\theta}\frac{\partial}{\partial\phi}$$

gilt. Für die auslaufende Welle Ψ_{out} lässt sich somit Folgendes notieren:

$$\left(\vec{\nabla}\Psi_{\text{out}}\right)_r = \frac{\partial\Psi_{\text{out}}}{\partial r} = \left(-\frac{1}{r^2} + \frac{\mathrm{i}k}{r}\right)f(\theta)\mathrm{e}^{\mathrm{i}kr} \quad \text{bzw.}$$

$$\left(\vec{\nabla}\Psi^*_{\text{out}}\right)_r = \frac{\partial\Psi^*_{\text{out}}}{\partial r} = \left(-\frac{1}{r^2} - \frac{\mathrm{i}k}{r}\right)f^*(\theta)\mathrm{e}^{-\mathrm{i}kr}\ .$$

Darüber hinaus lassen sich auch die partiellen Ableitungen bezüglich der Polarwinkelkoordinate durch

$$\left(\vec{\nabla}\Psi_{\text{out}}\right)_\theta = \frac{1}{r}\frac{\partial\Psi_{\text{out}}}{\partial\theta} = \frac{1}{r^2}\frac{\mathrm{d}f(\theta)}{\mathrm{d}\theta}\mathrm{e}^{\mathrm{i}kr} \quad \text{bzw.}$$

$$\left(\vec{\nabla}\Psi^*_{\text{out}}\right)_\theta = \frac{1}{r}\frac{\partial\Psi^*_{\text{out}}}{\partial\theta} = \frac{1}{r^2}\frac{\mathrm{d}f^*(\theta)}{\mathrm{d}\theta}\mathrm{e}^{-\mathrm{i}kr}$$

und die der Azimutalwinkelkoordinate durch

$$\left(\vec{\nabla}\Psi_{\text{out}}\right)_\phi = \left(\vec{\nabla}\Psi^*_{\text{out}}\right)_\phi = 0$$

beschreiben. Mittels dieser Berechnungen ergibt sich die auslaufende Stromdichte nun vermöge Gl. (97) zu:

$$\begin{aligned}\vec{j}_{\text{out}} =& \frac{\mathrm{i}\hbar}{2m}\left[\frac{\mathrm{e}^{\mathrm{i}kr}}{r}f(\theta)\left(-\frac{1}{r^2} - \frac{\mathrm{i}k}{r}\right)f^*(\theta)\frac{\mathrm{e}^{-\mathrm{i}kr}}{r} - \frac{\mathrm{e}^{-\mathrm{i}kr}}{r}f^*(\theta)\left(-\frac{1}{r^2} + \frac{\mathrm{i}k}{r}\right)f(\theta)\mathrm{e}^{\mathrm{i}kr}\right]\hat{e}_r \\ &+ \frac{\mathrm{i}\hbar}{2m}\left[\frac{\mathrm{e}^{\mathrm{i}kr}}{r}f(\theta)\frac{1}{r^2}\frac{\mathrm{d}f^*(\theta)}{\mathrm{d}\theta}\mathrm{e}^{-\mathrm{i}kr} - \frac{\mathrm{e}^{-\mathrm{i}kr}}{r}f^*(\theta)\frac{1}{r^2}\frac{\mathrm{d}f(\theta)}{\mathrm{d}\theta}\mathrm{e}^{\mathrm{i}kr}\right]\hat{e}_\theta,\end{aligned}$$

wobei sich diese Gleichung weiter zu

$$\vec{j}_{\text{out}} = \frac{k\hbar}{m}\frac{|f(\theta)|^2}{r^2}\hat{e}_r + \frac{\mathrm{i}\hbar}{2m}\frac{1}{r^3}\left[f(\theta)\frac{\mathrm{d}f^*(\theta)}{\mathrm{d}\theta} - f^*(\theta)\frac{\mathrm{d}f(\theta)}{\mathrm{d}\theta}\right]\hat{e}_\theta \tag{101}$$

vereinfachen lässt. Multipliziert man diese Beziehung nun mit dem Flächenelement $r^2\mathrm{d}\Omega$, so ergibt sich ein Wahrscheinlichkeitsstrom in radialer Richtung. Dabei fällt auf, dass der erste Summand aus Gl. (101) damit unabhängig von r ist, wohingegen der zweite mit $1/r$ abfällt. Demnach ist dieser Summand im asymptotischen Fall zu vernachlässigen. Der relevante Teil des auslaufenden Wahrscheinlichkeitsstroms ist also durch

$$\vec{j}_{\text{out}}\, r^2\mathrm{d}\Omega = \frac{\hbar k}{m}\frac{|f(\theta)|^2}{r^2}r^2\mathrm{d}\Omega\,\hat{e}_r = \frac{\hbar k}{m}|f(\theta)|^2\mathrm{d}\Omega\,\hat{e}_r \tag{102}$$

gegeben. Der differentielle Wirkungsquerschnitt lässt sich nun nach Def. (98) über die Gln. (100) und (102) zu

$$\frac{\mathrm{d}\sigma}{\mathrm{d}\Omega} = \frac{\frac{\hbar k}{m}|f(\theta)|^2|\hat{e}_r|^2}{\frac{\hbar k}{m}} = |f(\theta)|^2 \tag{103}$$

berechnen [Sch00]. Diese Beziehung ist für die Teilchenphysik von unschätzbarer Bedeutung. Einerseits lässt sich der Wirkungsquerschnitt experimentell gut bestimmen, andererseits kann theoretisch auf Grundlage eines bestimmten Potentials prinzipiell die zu erwartende Streuamplitude berechnet werden. Die Gleichung bildet also ein Bindeglied zwischen dem Experiment und der Theorie. Mit welchen Mitteln nun die Streuamplitude bestimmt werden kann, soll im Folgenden dargelegt werden. Die Ausführungen werden sich dabei wesentlich auf [Gri05] beziehen.

7.2 Partialwellenanalyse

Die Lösungen der Schrödinger-Gleichung für ein kugelsymmetrisches Potential sind durch

$$\Psi_{lm}(r,\theta,\phi) = R_l(r)Y_l^m(\theta,\phi) \tag{104}$$

gegeben (vgl. bspw. [Sch00], Kap. 1.9). Hierbei bezeichnen Y_l^m die durch

$$Y_l^m(\theta,\phi) = \epsilon\sqrt{\frac{2l+1}{4\pi}\frac{(l-|m|)!}{(l+|m|)!}}\mathrm{e}^{\mathrm{i}m\phi}P_l^{|m|}(\cos\theta) \tag{105}$$

gegebenen *Kugelflächenfunktionen* [NU88]. Dabei ist $\epsilon = (-1)^m$ für $m \geq 0$ und $\epsilon = 1$ sonst. Mit P_l^m werden die *zugeordneten Legendre-Funktionen* [NU88] bezeichnet. Die *Radialfunktion* $u_l(r) = rR_l(r)$ hingegen erfüllt die Gleichung [Gri05]

$$-\frac{\hbar^2}{2m}\frac{\mathrm{d}^2 u_l}{\mathrm{d}r^2} + \left[V(r) + \frac{\hbar^2}{2m}\frac{l(l+1)}{r^2}\right]u_l = Eu_l. \tag{106}$$

Nun geht man davon aus, dass das betrachtete Potential endlich ist. Genauer gesagt betrachtet man zwei mögliche Fälle. Der erste besteht darin, dass das Potential tatsächlich verschwindet, also dass $V(r) \equiv 0$ ab einem bestimmten r. Die zweite Möglichkeit besteht darin, dass das Potential schnell genug abfällt, sodass im asymptotischen Fall das Potential gegenüber dem Zentrifugalterm vernachlässigbar ist. Beispielsweise erfüllt das Coulomb-Potential diese Bedingung nicht, da es lediglich mit r^{-1} abfällt. Geht man nun von einem passenden Potential aus, so geht Gl. (106) unter Berücksichtigung von $k = \sqrt{2mE}/\hbar > 0$ asymptotisch in

$$\frac{\mathrm{d}^2 u_l}{\mathrm{d}r^2} - \frac{l(l+1)}{r^2}u_l = -k^2 u_l$$

über. Die allgemeine Lösung dieser Differentialgleichung ist nun durch eine Linearkombination

$$u_l(r) = Arj_l(kr) + Brn_l(kr) \tag{107}$$

der *sphärischen Bessel-Funktionen* j_l bzw. der *sphärischen Neumann-Funktionen* n_l gegeben [NU88]. Es erweist sich als zweckdienlich, Gl. (107) mit Hilfe der sogenannten *sphärischen Hankel-Funktionen* erster $h_l^{(1)}$ bzw. zweiter Art $h_l^{(2)}$ umzuschreiben. Dafür verwendet man folgende Identitäten [NU88]:

$$\begin{aligned} h_l^{(1)}(x) &\equiv j_l(x) + \mathrm{i}n_l(x) \text{ bzw.} \\ h_l^{(2)}(x) &\equiv j_l(x) - \mathrm{i}n_l(x). \end{aligned} \tag{108}$$

Mittels dieser Beziehungen lässt sich Gl. (107) nun in die Form

$$R_l(r) = A'h_l^{(1)}(kr) + B'h_l^{(2)}(kr) \tag{109}$$

überführen, wobei A' durch $(A-iB)/2$ und B' durch $(A+iB)/2$ geeignet gewählt wurden. Es lässt sich nun zeigen, dass die sphärischen Hankel-Funktionen die folgende Asymptotik aufweisen [NU88]:

$$\begin{aligned} h_l^{(1)}(x) &\sim \frac{1}{x}(-\mathrm{i})^{l+1}\,\mathrm{e}^{\mathrm{i}x}, \\ h_l^{(2)}(x) &\sim \frac{1}{x}\,\mathrm{i}^{l+1}\,\mathrm{e}^{-\mathrm{i}x}. \end{aligned} \tag{110}$$

Demnach wird die auslaufende Welle durch die Hankel-Funktionen erster Ordnung beschrieben und es gilt:

$$R_l(r) \sim h_l^{(1)}(kr). \tag{111}$$

Die vollständige Wellenfunktion setzt sich in Anbetracht von Gl. (104) also folgendermaßen zusammen:

$$\Psi(r,\theta,\phi) \sim A\left[\mathrm{e}^{\mathrm{i}kz} + \sum_{l,m} C_{l,m}\, h_l^{(1)}(kr) Y_l^m(\theta,\phi)\right]. \tag{112}$$

Hierbei beschreibt der erste Summand die einlaufende ebene Welle und der zweite Summand die auslaufende Welle. Da einerseits ein kugelsymmetrisches Potential vorausgesetzt wird und andererseits die z-Richtung durch die einlaufende ebene Welle festgelegt wird, gibt es keine Richtung orthogonal zur z-Achse, die durch Streuung bevorzugt wird, d. h. die Wellenfunktion muss unabhängig von ϕ sein. Gemäß Gl. (105) ist dies jedoch nur möglich, falls $m = 0$ ist. Somit geht Gl. (105) in

$$Y_l^0(\theta) = \sqrt{\frac{2l+1}{4\pi}} P_l(\cos\theta) \tag{113}$$

über, wobei P_l ein *Legendre-Polynom* ist. Darüber hinaus ist es üblich, den Koeffizienten $C_{l,0}$ durch

$$C_{l,0} =: \mathrm{i}^{l+1} k \sqrt{4\pi(2l+1)} f_l \tag{114}$$

zu ersetzen. Der Sinn dieser Substitution erschließt sich in Kürze. Zunächst soll aber mittels dieser Notation und vermöge der Gleichungen (113) und (114) die Wellenfunktion aus Gl. (112) zu

$$\Psi(r,\theta) \sim A\left[\mathrm{e}^{\mathrm{i}kz} + k\sum_{l=0}^{\infty} \mathrm{i}^{l+1}(2l+1) f_l h_l^{(1)}(kr) P_l(\cos\theta)\right] \tag{115}$$

entwickelt werden. Zum einen lässt sich nun die Streuamplitude als

$$f(\theta) = \sum_{l=0}^{\infty} (2l+1) f_l P_l(\cos\theta) \tag{116}$$

definieren. Zum anderen wurde in Gl. (110) bereits die Asymptotik der Hankel-Funktionen dargelegt. Somit lässt sich Gl. (115) in die bereits bekannte Form

$$\Psi(r,\theta) \sim A\left[\mathrm{e}^{\mathrm{i}kz} + f(\theta)\frac{\mathrm{e}^{\mathrm{i}kr}}{r}\right] \tag{117}$$

überführen, wodurch sich auch die zunächst willkürliche erscheinende Definition (114) als sinnvoll erweist. Es bestätigt sich also, dass die Sommerfeld'sche Ausstrahlungsbedingung im asymptotischen Falle eine sinnvolle Beschreibung der Wellenfunktion liefert. Zudem liefert Gl. (116) eine Möglichkeit die Streuamplitude bei Kenntnis der f_l zu berechnen. Auch lässt sich durch die in Gl. (103) beschriebene Beziehung zwischen dem differentiellen Wirkungsquerschnitt einerseits und dem Betragsquadrat der Streuamplitude andererseits eine weitere Gleichung für den totalen Wirkungsquerschnitt herleiten. Mittels seiner Definition lässt sich nämlich der totale Wirkungsquerschnitt durch

$$\sigma = \int \frac{\mathrm{d}\sigma}{\mathrm{d}\Omega}\mathrm{d}\Omega = 2\pi \int_0^\pi \sin\theta |f(\theta)|^2 \mathrm{d}\theta \tag{118}$$

$$= 2\pi \int_0^\pi \sin\theta \sum_{l,l'} (2l+1)(2l'+1) f_l^* f_{l'} P_l(\cos\theta) P_{l'}(\cos\theta) \mathrm{d}\theta$$

berechnen. Indem man nun $\cos\theta$ durch x substituiert und die Summation mit der Integration vertauscht, geht die obige Beziehung in

$$\sigma = 2\pi \sum_{l,l'} \int_{-1}^{1} (2l+1)(2l'+1) f_l^* f_{l'} P_l(x) P_{l'}(x) \mathrm{d}x$$

über. Unter Berücksichtigung der Orthogonalität der Legendre-Polynome [NU88] fallen die Summationsindizes zusammen und es ergibt sich schlussendlich

$$\sigma = 4\pi \sum_{l=0}^{\infty} (2l+1)|f_l|^2. \tag{119}$$

Es sei an dieser Stelle noch angemerkt, dass die Partialwellenamplitude f_l korrekterweise von k und damit auch von der Energie abhängt. In dem vorangegangen Abschnitt wurde jedoch von einem beliebigen aber festen k ausgegangen, sodass die Energieabhängigkeit in diesem Teil der Arbeit nicht explizit angeführt wird $[f_l(k) = f_l]$.
Bevor die erlangten Ergebnisse nun weiter interpretiert werden, soll noch ein „Schönheitsfehler“ der Gl. (115) behoben werden. Es fällt auf, dass die besagte Gleichung insofern inkonsistent ist, dass dort sowohl kartesische als auch Kugelkoordinaten vorkommen. Aus diesem Grunde soll nun $\exp(\mathrm{i}kz)$ mittels Kugelkoordinaten ausgedrückt werden. Dafür erweisen sich die vorangegangenen Erläuterungen als hilfreich. Sicherlich erfüllt nämlich $\exp(\mathrm{i}kz)$ die Schrödinger-Gleichung mit verschwindendem Potential. Nach dem bis hierhin Gesagten ist

damit aber auch klar, dass die Exponentialfunktion in der Form

$$\mathrm{e}^{\mathrm{i}kz} = \sum_{l,m} \left[A_{l,m} j_l(kr) + B_{l,m} n_l(kr)\right] Y_l^m(\theta, \phi) \tag{120}$$

dargestellt werden kann. Da die Exponentialfunktion im Gegensatz zu den Neumann-Funktionen im Ursprung begrenzt ist, muss für alle l und m der Koeffizient $B_{l,m}$ verschwinden. Da darüber hinaus die z-Koordinate beim Übergang in die Polardarstellung keine Azimutalabhängigkeit aufweist, $z = r\cos(\theta)$, dürfen auch in diesem Falle nur Kugelflächenfunktionen mit $m = 0$ auftreten. Somit geht Gl. (120) in

$$\mathrm{e}^{\mathrm{i}kz} = \sum_{l=0}^{\infty} A_l \, \mathrm{i}^l (2l+1) j_l(kr) P_l(\cos\theta)$$

über. Es lässt sich zudem noch zeigen, dass die Koeffizienten $A_l \equiv 1$ sind und sich die obige Gleichung dementsprechend zu

$$\mathrm{e}^{\mathrm{i}kz} = \sum_{l=0}^{\infty} \mathrm{i}^l (2l+1) j_l(kr) P_l(\cos\theta) \tag{121}$$

vereinfacht (bspw. [Sch00] S. 107 ff.). Somit erhält man mittels dieser Beziehung und Gl. (115) nun die abschließende asymptotische Form der Wellenfunktion zu:

•

$$\Psi(r,\theta) \sim A \sum_{l=0}^{\infty} \mathrm{i}^l (2l+1) \left[j_l(kr) + \mathrm{i}k \, f_l \, h_l^{(1)}(kr)\right] P_l(\cos\theta). \tag{122}$$

7.3 Phasenverschiebung und optisches Theorem

Die gesamte Beschreibung inelastischer Streuung, lässt sich also zumindest im Bereich der theoretischen Physik, auf die Bestimmung der Streuamplituden f_l zurückführen. Betrachtet man allerdings ausschließlich elastische Streuung, so lässt sich das Problem ein weiteres Mal kondensieren. Im Folgenden soll nämlich gezeigt werden, dass es im Rahmen der elastischen Streuung vollkommen ausreichend ist, eine reelle Phasenverschiebung δ_l anstelle einer komplexen Streuamplitude zu bestimmen. Es muss also lediglich eine anstelle von zwei reellen Zahlen untersucht werden. Die Ursache dafür liegt schlussendlich in der Erhaltung der Aufenthaltswahrscheinlichkeit. Diese führt nämlich dazu, dass die Amplituden von einlaufender und gestreuter Welle betragsgleich sind und sich somit nur in der Phase unterscheiden können [Gri05].

Gleichung (121) konnte als die Zerlegung einer ebenen Welle in Partialwellen unterschiedlicher Drehimpulse verstanden werden. Geht man nun davon aus, dass eine ebene Welle an einem sphärischen Potential streut, so muss der Drehimpuls erhalten bleiben [Gri05]. In diesem Fall kann man sich die Streuung einer ebenen Welle also als die unabhängige Streuung ihrer Partialwellen an eben diesem Potential vorstellen. Dabei erfahren auch diese Partialwellen durch die Streuung lediglich eine Phasenverschiebung, jedoch keine Änderung der Amplitude. Betrachtet man zunächst die potentialfreie Ausbreitung einer ebenen Welle $\Psi^0(r,\theta) = A\mathrm{e}^{ikz}$, dann ist die l-te Partialwelle mittels Gl. (121) durch

$$\Psi_l^0(r,\theta) = A\,\mathrm{i}^l(2l+1)j_l(kr)P_l(\cos\theta)$$

gegeben. Nun gilt aber nach Gl. (108) und nach Kenntnis des asymptotischen Verhaltens der Hankel-Funktionen, Gln. (110), das Folgende:

$$j_l(x) = \frac{1}{2}\left[h_l^{(1)}(x) + h_l^{(2)}(x)\right] \sim \frac{1}{2x}\left[(-\mathrm{i})^{l+1}\mathrm{e}^{\mathrm{i}x} + \mathrm{i}^{l+1}\mathrm{e}^{-\mathrm{i}x}\right].$$

Demnach lässt sich die l-te Komponente der Partialwelle als

$$\Psi_l^0(r,\theta) \sim A\frac{2l+1}{2\mathrm{i}kr}\left[\mathrm{e}^{ikr} - (-1)^l\mathrm{e}^{-\mathrm{i}kr}\right]P_l(\cos\theta)$$

schreiben. Man erkennt, dass sich die obige Wellenfunktion (innerhalb der eckigen Klammern) aus einem einlaufenden und einem auslaufenden Teil zusammensetzt. Im Falle einer potentialfreien Fortpflanzung erscheint diese Darstellung unnötig kompliziert. Betrachtet man allerdings die elastische Streuung einer ebenen Welle an einem Potential, so birgt die obige Darstellung einen ungemeinen Vorteil. Es wurde bereits erläutert, dass die gestreute Welle im Vergleich zu der einlaufenden Welle lediglich um eine Phase verschoben ist. Den Betrag dieser Verschiebung bezeichnet man mit 2δ, wobei der Faktor 2 rein konventioneller Natur ist. In der obigen Form lässt sich die Wellenfunktion in Gegenwart eines Potentials also leicht folgendermaßen modifizieren:

$$\Psi_l(r,\theta) \sim A\frac{2l+1}{2\mathrm{i}kr}\left[\mathrm{e}^{\mathrm{i}(kr+2\delta_l)} - (-1)^l\mathrm{e}^{-\mathrm{i}kr}\right]P_l(\cos\theta). \tag{123}$$

Der einlaufende Teil der Welle bleibt unverändert, wohingegen der auslaufende Teil eine Phasenverschiebung von $2\delta_l$ davonträgt. Die Gestalt der obigen Gleichung legt folgende Interpretation nahe: Eine Kugelwelle läuft in Richtung des Streuzentrums ein und verlässt dieses in großer Entfernung in Form einer, um $2\delta_l$ verschobenen, Kugelwelle.

Es existieren nun zwei Darstellungsformen der l-ten Partialwelle. Die erste, in Abhängigkeit der komplexen Streuamplitude f_l, lässt sich vermöge Gl. (122) und der Kenntnis des asymptotischen Verhaltens der Hankel-Funktionen für große

Entfernungen folgendermaßen darstellen:

$$\begin{aligned}\Psi_l(r,\theta) &= A\,\mathrm{i}^l(2l+1)\Big[j_l(kr)+\mathrm{i}k\,f_l\,h_l^{(1)}(kr)\Big]P_l(\cos\theta)\\ &= A\,\mathrm{i}^l(2l+1)\Big\{\frac{1}{2}\big[h_l^{(1)}(kr)+h_l^{(2)}(kr)\big]+\mathrm{i}k\,f_l\,h_l^{(1)}(kr)\Big\}P_l(\cos\theta)\\ &\sim A\,\mathrm{i}^l\frac{2l+1}{kr}\Big\{\frac{1}{2}\big[(-\mathrm{i})^{l+1}\,\mathrm{e}^{\mathrm{i}kr}+\mathrm{i}^{l+1}\,\mathrm{e}^{-\mathrm{i}kr}\big]+\mathrm{i}k\,f_l(-\mathrm{i})^{l+1}\,\mathrm{e}^{\mathrm{i}kr}\Big\}P_l(\cos\theta)\\ &= A(2l+1)\Big\{\frac{1}{2\mathrm{i}kr}\big[\mathrm{e}^{\mathrm{i}kr}-(-1)^l\mathrm{e}^{-\mathrm{i}kr}\big]+\frac{1}{r}f_l\,\mathrm{e}^{\mathrm{i}kr}\Big\}P_l(\cos\theta).\end{aligned}$$

Andererseits lässt sich die l-te Partialwelle, wie in Gl. (123) beschrieben, auch in Abhängigkeit einer Phasenverschiebung δ_l darstellen. Vergleicht man nun diese beiden Darstellungsmöglichkeiten, so führt dies zunächst auf

$$\frac{2l+1}{2\mathrm{i}kr}\big[\mathrm{e}^{\mathrm{i}kr}-(-1)^l\mathrm{e}^{-\mathrm{i}kr}\big]+\frac{2l+1}{r}f_l\mathrm{e}^{\mathrm{i}kr}=\frac{2l+1}{2\mathrm{i}kr}\big[\mathrm{e}^{\mathrm{i}(kr+2\delta_l)}-(-1)^l\mathrm{e}^{-\mathrm{i}kr}\big]$$

und durch einfache Umformungen schließlich auf

$$f_l=\frac{1}{2\mathrm{i}k}\big(\mathrm{e}^{2\mathrm{i}\delta_l}-1\big)=\frac{1}{k}\mathrm{e}^{\mathrm{i}\delta_l}\sin(\delta_l). \tag{124}$$

Insbesondere führt dies einerseits vermöge Gl. (116) auf ein neue Darstellung der Streuamplitude

$$f(\theta)=\frac{1}{k}\sum_{l=0}^{\infty}(2l+1)\mathrm{e}^{\mathrm{i}\delta_l}\sin(\delta_l)P_l(\cos\theta) \tag{125}$$

und andererseits mittels Gl. (119) auf eine Darstellung des totalen Wirkungsquerschnittes

$$\sigma=\frac{4\pi}{k^2}\sum_{l=0}^{\infty}(2l+1)\sin^2(\delta_l) \tag{126}$$

in Abhängigkeit der Phasenverschiebungen δ_l. Mit Hilfe dieser beiden Darstellungen lässt sich nun endlich auch das optische Theorem im Rahmen der Quantenphysik herleiten. Betrachtet man den Imaginärteil der Vorwärtsstreuamplitude $f(\theta=0)$, so geht Gl. (125) mit Hilfe von $P_l(1)=1$ in

$$\mathrm{Im}[f(0)]=\frac{1}{k}\sum_{l=0}^{\infty}(2l+1)\sin^2(\delta_l)$$

über. Ein Vergleich mit Gl. (126) führt dann auf das optische Theorem:

$$\sigma=\frac{4\pi}{k}\mathrm{Im}[f(0)]. \tag{127}$$

Vergleicht man dieses Ergebnis nun mit dem optischen Theorem der klassischen Elektrodynamik [vgl. Gl. (95)], so fällt auf, dass die beiden Ergebnisse äquivalent sind, wenn man berücksichtigt, dass $\vec{\epsilon}^* \cdot \vec{f}(\vec{k}_0, \vec{k}_0)$ die skalare Vorwärtsstreuamplitude darstellt. Auch die Interpretation des obigen Theorems erfolgt entsprechend. Es stellt eine Konsequenz der Erhaltung der Aufenthaltswahrscheinlichkeit dar [Sch00].

7.4 Analytische Eigenschaften der Partialwellenamplituden

Im vorangegangenen Abschnitt wurde ein Zusammenhang zwischen der Streuamplitude und dem messbaren totalen Wirkungsquerschnitt hergeleitet. Dabei wurde f immer nur als Funktion in der Variablen θ untersucht. Man erahnt schnell, dass dies nicht der ganzen Wahrheit entsprechen kann. Sicherlich sollte der Streuprozess und somit sowohl der Wirkungsquerschnitt als auch die Streuamplitude zumindest noch von der Energie der eingestrahlten Teilchen abhängen. Im Rahmen der folgenden Untersuchungen wird sich dieser Verdacht bestätigen. Mehr noch wird sich sogar zeigen, dass bei der Streuung sogenannte *Resonanzen* auftreten können. Es wird sich herausstellen, dass in diesem Fall der Wirkungsquerschnitt auf empfindlichste Weise von der Energie der eingestrahlten Partikel abhängt. Allerdings ist es dafür unausweichlich die Streuamplitude unter funktionentheoretischen Aspekten näher zu beleuchten. Nur so kann das Phänomen der Resonanzen wirklich verstanden werden. Eben diese Untersuchung soll nun im Folgenden vollzogen werden.

7.4.1 Jost-Funktionen

Ziel dieses Abschnittes soll es zunächst sein, die analytischen Eigenschaften der Partialwellenamplituden f_l bzw. $a_l = kf_l$ zu untersuchen. Es wird sich dabei herausstellen, dass vor allem Pole einer Partialwellenamplitude interessante physikalische Interpretationen nahe legen. Um dies zu erreichen, ist es allerdings sinnvoll, die *Jost-Funktionen* $\varphi_l^{(\pm)}(k)$ einzuführen. Diese Funktionen werden unmittelbar auf die sogenannte *S-Funktion* führen und sich somit als sehr hilfreiches Werkzeug erweisen, um die analytischen Eigenschaften der Partialwellenamplituden zu untersuchen. Die Ausführungen der folgenden Abschnitte werden sich dabei wesentlich auf [Sch00] beziehen.
Um nun all dies zu erarbeiten, betrachte man erneut die Radialfunktion $u_l(r,k)$ (vgl. Abschn. 7.2), diesmal allerdings zusätzlich als Funktion der ins Komplexe verallgemeinerten Variablen k. Es lässt sich zeigen, dass die Lösungen der radialen Schrödinger-Gleichung analytische Funktionen von k^2 sind (vgl. [Tay72], S. 216). Untersucht man die Asymptotik dieser Funktion

$$u_l(r,k) \sim \varphi_l^{(-)}(k)\mathrm{e}^{\mathrm{i}kr} + \varphi_l^{(+)}(k)\mathrm{e}^{-\mathrm{i}kr}, \tag{128}$$

so führt dies auf die bereits genannten Jost-Funktionen, welche sowohl als Funktionen in k als auch als Funktionen in k^2 untersucht werden sollen. Bevor dies jedoch geschieht, müssen die Jost-Funktionen zunächst mit den bis dato erlangten Erkenntnissen verknüpft werden. Dazu betrachte man Gl. (123), den asymptotischen Ausdruck der l-ten Komponente einer Partialwelle:

$$\Psi_l(r,\theta) \sim A\frac{2l+1}{2\mathrm{i}kr}\left[\mathrm{e}^{\mathrm{i}(kr+2\delta_l)} - (-1)^l\mathrm{e}^{-\mathrm{i}kr}\right]P_l(\cos\theta).$$

Diese Partialwellenkomponente steht nun wiederum vermöge der Beziehung

$$\Psi_l(r,\theta) = \frac{u_l(r)}{r}P_l(\cos\theta)$$

mit der Radialfunktion in Verbindung (vgl. Gl. (104)). Demnach erlangt man für eben diese Funktion aus den beiden obigen Gleichung folgende Asymptotik

$$u_l(r) \sim \frac{A(2l+1)}{2\mathrm{i}k}\left[\mathrm{e}^{\mathrm{i}(kr+2\delta_l)} - (-1)^l\mathrm{e}^{-\mathrm{i}kr}\right]. \tag{129}$$

Vergleicht man nun die beiden asymptotischen Darstellungen, die durch Gl. (128) und Gl. (129) gegeben sind, so erhält man

$$S_l(k) := \mathrm{e}^{2\mathrm{i}\delta_l} = (-1)^{l+1}\frac{\varphi_l^{(-)}(k)}{\varphi_l^{(+)}(k)}. \tag{130}$$

Häufig wird diese Funktion als S-Funktion oder auch *Streufunktion* bezeichnet. Sie beschreibt einen Spezialfall der von Heisenberg eingeführten *S-Matrix* (vgl. [Rol95], Abschn. 2.11). Eine wichtige Eigenschaft dieser Matrix ist ihre Unitarität.

Es sollen nun aber weitere wichtige Eigenschaften der Jost-Funktionen erarbeitet werden. Untersucht man hierzu physikalische Streusituationen, so ist k als Betrag des Wellenvektors als positive reelle Zahl anzunehmen. Berücksichtigt man zudem noch, dass für reelle Potentiale auch die Lösung $u_l(r,k)$ reell ist, dann folgt durch den Vergleich von Gl. (128) mit der komplex konjugierten Gleichung die Beziehung

$$\varphi_l^{(+)}(k) = [\varphi_l^{(-)}(k)]^* \quad (k \text{ reell}).$$

Allerdings erweist sich nicht nur die Betrachtung reeller Werte von k als lohnenswert, wie im Folgenden gezeigt werden soll. Es wurde behauptet, dass vor allem die Pole innerhalb der komplexen k^2-Ebene physikalisch leicht interpretiert werden können. Dazu betrachte man den Fall negativer Energie E. In diesem Fall ist auch k^2 negativ und als mögliche Werte der Wurzel ergeben sich $\pm\mathrm{i}\kappa$ mit $\kappa > 0$. Betrachtet man zunächst das positive Vorzeichen, besitzt die asymptotische Form (128) einen exponentiell ansteigenden und einen ebenso stark abfallenden Term. Nun liegt aber ein gebundener Zustand genau dann vor, wenn die

Wellenfunktion quadratintegrabel ist. Dazu muss aber sicherlich der exponentiell ansteigende Teil der Gleichung verschwinden. Demgemäß muss also für $\varphi_l^{(+)}(k)$ an den Stellen der diskreten Energieniveaus $E_n < 0$

$$\varphi_l^{(+)}(k) = 0 \quad \text{für} \quad k^2 = -\frac{2m|E_n|}{\hbar^2}, \; k = \mathrm{i}\kappa, \; \kappa > 0,$$

gelten. Ein Blick auf Gl. (130) verrät zudem, dass die definierte Funktion $S_l(k)$ an dieser Stelle einen Pol besitzt und bestätigt somit zum ersten Mal die Behauptung, dass sich die Pole der S-Funktion physikalisch interpretieren lassen.

Im Folgenden sollen nun die analytischen Eigenschaften der Jost-Funktionen

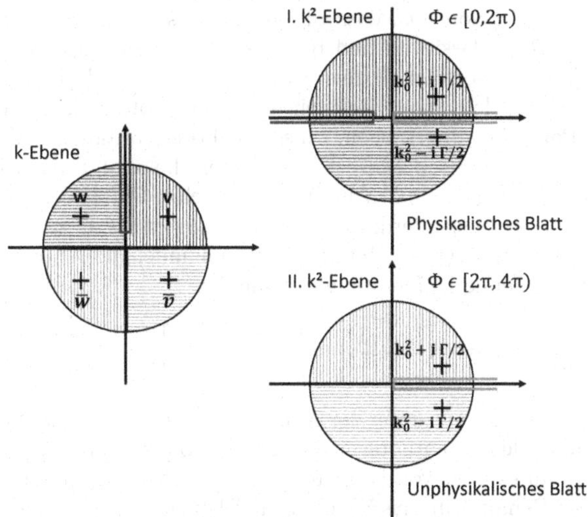

Abbildung 7: Abbildung der k-Ebene in das physikalische und das unphysikalische Blatt. Der obere bzw. linke violette Balken zeigt den dynamischen Schnitt, die orangen, rechten Balken die kinematischen Schnitte der Jost-Funktionen.

bzw. der Streuamplituden etwas genauer untersucht werden. Dafür sollen aber zunächst einige Vereinbarungen getroffen werden. Im Zuge der Abbildung f : $\mathbb{C} \to \mathbb{C}$ mit $k \to E = k^2/(2m)$ betrachtet man die *Einblättrigkeitsbereiche* E_1 und E_2 mit $\mathrm{Im}(k) > 0$ und $\mathrm{Im}(k) < 0$. Die Bilder B_1 und B_2 sind jeweils längs der positiven reellen Achse aufgeschlitzte k^2- (bzw. E-) Ebenen. Das $\mathrm{Im}(k) > 0$ zugeordnete Blatt wird als erstes oder *physikalisches Blatt* bezeichnet. Abbildung 7 verdeutlicht dies: Es wird zunächst nur die Abbildung der k-Ebene in die obere k^2-Ebene untersucht. Neben dieser rein konventionellen Einschränkung soll allerdings auch gefordert werden, dass das Potential einem einfachen

Yukawa-Potential gleicht. Dieses Potential ist vor allem im Rahmen der *starken Wechselwirkung* von Bedeutung und resultiert aus dem Austausch eines massebehafteten Teilchens. Hier soll es aber lediglich als Modell eines Potentials dienen, das durch

$$U_Y(r) = g\frac{\mathrm{e}^{-r/r_0}}{r} \tag{131}$$

gegeben ist [LL79]. Man erkennt, dass das obige Potential nach physikalischer Konvention endlich ist, wobei r_0 als Reichweite gedeutet wird. Der Vorfaktor g beschreibt die Stärke des Potentials. Um nun die analytischen Eigenschaften der Jost-Funktionen zu untersuchen, ist sicherlich die folgende Beobachtung sehr hilfreich: Geht man davon aus, dass die asymptotische Darstellung der Radialfunktion Gl. (128) zulässig ist und berücksichtigt man darüber hinaus, dass $u_l(r,k)$ analytisch ist, so folgt daraus unmittelbar die Analytizität der beiden Jost-Funktionen. Würde man an Stelle eines Yukawa-Potentials also ein tatsächlich endliches Potential untersuchen – also ein Potential dessen Wert ab einer gewissen Reichweite identisch Null ist –, so wären die analytischen Eigenschaften der Jost-Funktionen demnach unproblematisch.[8] Unter Verwendung eines Yukawa-Potentials kann es allerdings passieren, dass die asymptotische Darstellung aus Gl. (128) unzulässig ist. Untersucht man nämlich die der asymptotischen Lösung zugrundeliegende Differentialgleichung

$$\frac{\partial^2}{\partial r^2}u_l(r,k) - \left[\frac{l(l+1)}{r^2} + \frac{2m}{\hbar^2}U(r) - k^2\right]u_l(r,k) = 0, \tag{132}$$

so ist die besagte Lösung nur unter der Annahme korrekt, dass sowohl der Zentrifugalterm, als auch der Potentialterm vernachlässigbar sind. In Abhängigkeit der Reichweite r_0 kann es aber vorkommen, dass eben diese Bedingung nicht mehr erfüllt ist. Diese Behauptung lässt sich formal korrekt herleiten, was an dieser Stelle allerdings zu weit führen würde. Die Behauptung soll lediglich motiviert werden. Dazu gehe man davon aus, dass k^2 auf der negativ reellen Achse liege, dessen Wurzel also erneut durch $\mathrm{i}\kappa$, $\kappa > 0$, gegeben sei. Weiterhin sei $1/r_0 \ll \kappa$, also die Reichweite sehr viel größer als der Wert von κ. Angenommen, auch in diesem Falle wären sowohl der Potentialterm wie auch der Zentrifugalterm zu vernachlässigen, dann müsste die Lösung formal der Gl. (128) entsprechen. Setzt man nun aber diese Lösung in den zweiten Summanden der Differentialgleichung ein, so führt dies auf:

$$\frac{\partial^2}{\partial r^2}u_l(r,k) - \left[\frac{l(l+1)}{r^2} + \frac{2m}{\hbar^2}U(r) - k^2\right]\left[\varphi_l^{(-)}(k)\mathrm{e}^{-\kappa r} + \varphi_l^{(+)}(k)\mathrm{e}^{\kappa r}\right] = 0.$$

[8] Es lässt sich zeigen, dass die Jost-Funktionen für abgeschnittene Potentiale ganze Funktionen sind, also Funktionen, die auf der gesamten komplexen Ebene analytisch sind ([Rol95], Kap. 2.11).

Dieser Ausdruck lässt sich allerdings nach Einsetzen des Potentials Gl. (131) und gemäß den getroffenen Voraussetzungen in

$$\begin{aligned}
0 = \quad & \frac{\partial^2}{\partial r^2}u_l(r,k) && - \left[\frac{l(l+1)}{r^2} + \frac{2m}{\hbar^2}g\frac{\mathrm{e}^{-r/r_0}}{r} - k^2\right]\left[\varphi_l^{(-)}(k)\mathrm{e}^{-\kappa r} + \varphi_l^{(+)}(k)\mathrm{e}^{\kappa r}\right] \\
\sim & \frac{\partial^2}{\partial r^2}u_l(r,k) && - \varphi_l^{(-)}(k)\left[\mathrm{e}^{-\kappa r}\frac{l(l+1)}{r^2} + \frac{2m}{\hbar^2}g\frac{\mathrm{e}^{-r(1/r_0+\kappa)}}{r} - k^2\mathrm{e}^{-\kappa r}\right] \\
& && - \varphi_l^{(+)}(k)\left[\mathrm{e}^{\kappa r}\frac{l(l+1)}{r^2} + \frac{2m}{\hbar^2}g\frac{\mathrm{e}^{r(-1/r_0+\kappa)}}{r} - k^2\mathrm{e}^{\kappa r}\right] \\
\sim & \frac{\partial^2}{\partial r^2}u_l(r,k) && - \varphi_l^{(-)}(k)\left[\mathrm{e}^{-\kappa r}\frac{l(l+1)}{r^2} + \frac{2m}{\hbar^2}g\frac{\mathrm{e}^{-r\kappa}}{r} - k^2\mathrm{e}^{-\kappa r}\right] \\
& && - \varphi_l^{(+)}(k)\left[\mathrm{e}^{\kappa r}\frac{l(l+1)}{r^2} + \frac{2m}{\hbar^2}g\frac{\mathrm{e}^{r\kappa}}{r} - k^2\mathrm{e}^{\kappa r}\right] \\
\sim & \frac{\partial^2}{\partial r^2}u_l(r,k) && - \left[\frac{l(l+1)}{r^2} + \frac{2mg}{\hbar^2}\frac{1}{r} - k^2\right]u_l(r,k)
\end{aligned}$$

überführen. Diese Differentialgleichung entspricht aber der Gestalt nach dem Fall eines Coulomb-Potentials, und für ein solches Potential dürfen der Zentrifugal- bzw. der Potentialterm der Differentialgleichung gerade nicht vernachlässigt werden. Demnach führen die getroffenen Annahmen zu einem Widerspruch und die asymptotische Gl. (128) beschreibt im Falle hoher negativer Energien bzw. weiterreichender Potentiale die Radialfunktion nicht adäquat. Es fällt damit auch die Möglichkeit, die analytischen Eigenschaften der Radialfunktion auf die der Jost-Funktionen zu übertragen. In der Tat lässt sich sogar zeigen, dass $\varphi_l^{(-)}(k)$ in diesem Bereich, genauer im Intervall $k \in (\mathrm{i}/(2r_0), \mathrm{i}\infty)$, nicht definiert ist. Man bezeichnet dieses Intervall häufig auch als den *dynamischen Schnitt* (vgl. Abb. 7). Man kann darüber hinaus zumindest in erster *Born'scher Näherung* zeigen, dass die Partialwellenamplitude, interpretiert als Funktion von k^2, in dem entsprechenden Intervall singulär ist. Zudem lässt sich zeigen, dass die Unstetigkeit durch

$$f_l(k^2 + \mathrm{i}\epsilon) - f_l(k^2 - \mathrm{i}\epsilon) = \mathrm{i}\pi\frac{mg}{\hbar^2 k^2}P_l\Big(1 - \frac{1}{2(kr_0)^2}\Big)$$

gegeben ist (vgl. [Sch00], Kap. 2.5). Man erkennt also, dass die Lage der Unstetigkeit durch die Reichweite r_0 und die Größe derselben durch die Stärke g des Potentials bestimmt wird. Durch diese Potentialabhängigkeit ist der Name des dynamischen Schnittes zu erklären. Neben diesem potentialabhängigen Schnitt existiert allerdings innerhalb der k^2-Ebene ein weiterer Bereich, der genauer untersucht werden muss. Man kann dies bereits erahnen, betrachtet man verschwindende Energien, also den Fall $k^2 = 0$. An dieser Stelle können der Zentrifugalterm und der Potentialterm der Dgl. (132) sicherlich nicht vernachlässigt

werden, wodurch sich auch nicht die gewünschte asymptotische Form ergibt. Jedoch ist dies nicht der einzige reelle Punkt der k^2-Ebene, der gesondert untersucht werden sollte. Dies wird sich im Folgenden zeigen.
Die Jost-Funktionen lassen sich sowohl in der Variablen k als auch in k^2 untersuchen, wobei k^2 durch die Werte von k eindeutig bestimmt ist. Umgekehrt ist dies jedoch nicht der Fall. Untersucht man bspw. die Punkte $z = \mathrm{e}^{\phi \mathrm{i}}$ und $z' = \mathrm{e}^{(\phi+2\pi)\mathrm{i}}$ für $\phi \in (0, 2\pi]$, so sind die Punkte sicherlich identisch. Untersucht man allerdings deren Wurzeln, so stellt man fest, dass

$$\sqrt{z} = \mathrm{e}^{\frac{\phi}{2}\mathrm{i}} \neq -\mathrm{e}^{\frac{\phi}{2}\mathrm{i}} = \sqrt{z'}$$

gilt. Für jeweils einen Wert von z existieren also immer zwei Werte von $\sqrt{z}$. Umgekehrt könnte man sagen, dass die Abbildung $f : z \to z^2$ die komplexe Ebene zweimal abbildet, also nicht injektiv ist (vgl. Abb. 7). Neben diesem Problem existiert noch ein weiteres Hindernis bei der Erzeugung der entsprechenden Umkehrabbildung. Angenommen nämlich man entscheidet sich für eine Ebene. Untersucht man dann die Wurzel-Abbildung für einen Wert, der sich von oben der reellen Achse nähert, und einen Wert, der sich von unten der reellen Achse nähert, so stellt man fest, dass

$$\lim_{\epsilon\to 0} \sqrt{r\mathrm{e}^{\mathrm{i}\epsilon}} - \lim_{\epsilon\to 0} \sqrt{r\mathrm{e}^{\mathrm{i}(2\pi-\epsilon)}} = \sqrt{r} - (-\sqrt{r}) = 2\sqrt{r} \neq 0$$

gilt. Demnach ist die Abbildung entlang der reellen Achse unstetig. Die beiden genannten Probleme lassen sich nun anschaulich folgendermaßen lösen. Zunächst trennt man die doppelt überstrichene komplexe Ebene wie in Abb. 7 gezeigt. Somit erhält man eine injektive Abbildung. Anschließend verklebt man die beiden Ebenen entlang der reellen Achse derart, dass bei einem Gang über die positive reelle Achse die Ebene wie in Abb. 8 gewechselt wird. Dadurch wird auch die Unstetigkeit der Wurzel-Abbildung behoben. Es sei angemerkt, dass die bis hierhin getätigten Erläuterungen rein mathematischer Natur sind und ihre Ursache lediglich in der Bestimmung der komplexen Wurzel haben. Bei der Untersuchung der Jost-Funktionen werden die beiden Ebenen oder Blätter wie folgt gekennzeichnet: Das Blatt (I) ist das physikalische Blatt und ist der oberen k-Halbebene ($\mathrm{Im}(k) > 0$) zugeordnet, dass Blatt (II) ist das *unphysikalische Blatt* und ist der unteren k-Halbebene ($\mathrm{Im}(k) < 0$) zugeordnet (vgl. Abb. 7). Da die Jost-Funktionen bisher nur auf dem physikalischen Blatt untersucht wurden, stellt sich nun die Frage, wie deren Fortsetzung auf dem unphysikalischen Blatt aussieht. Dazu betrachte man erneut Gl. (128) und ersetze dort k durch $-k$. Da die Lösung $u_l(r, k)$ invariant unter dieser Vertauschung ist [Rol95], führt diese Ersetzung auf

$$u_l(r, k) \sim \varphi_l^{(-)}(-k)\mathrm{e}^{-ikr} + \varphi_l^{(+)}(-k)\mathrm{e}^{ikr}.$$

Eine Gegenüberstellung mit der ursprünglichen Gl. (128) führt auf:

$$\varphi_l^{(-)}(-k) = \varphi_l^{(+)}(k). \tag{133}$$

Dementsprechend ist die gesuchte Antwort bereits gefunden. Die Funktion $\varphi_l^{(+)}(k)$ ist die analytische Fortsetzung von $\varphi_l^{(-)}(k)$ in die untere k-Ebene. Da die Funktion $\varphi_l^{(+)}$ in der oberen Halbebene keine Singularitäten besitzt, ist $\varphi_l^{(-)}$ in der unteren Halbebene analytisch.

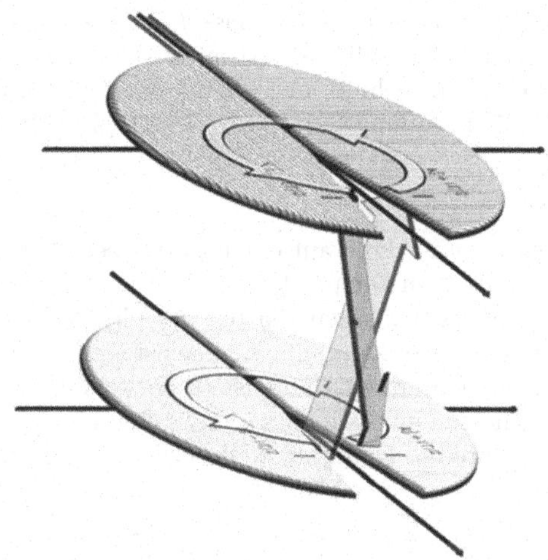

Abbildung 8: Die Riemann'sche Fläche beschreibt den globalen Definitionsbereich der Jost-Funktionen als Funktionen in k^2. Das physikalische Blatt ist der oberen k-Halbebene zugeordnet, das unphysikalische Blatt der unteren k-Halbebene. Um die Stetigkeit der Abbildung zu gewährleisten, sind die beiden Blätter „verklebt". Nach einem Umlauf auf dem physikalischen Blatt wechselt man auf das unphysikalische Blatt und nach einer weiteren Drehung springt man wieder in das erste Blatt zurück.

Nachdem nun die analytischen Eigenschaften der Jost-Funktionen untersucht wurden, gilt es, diese auf die Partialwellenamplituden $f_l(k)$ zu übertragen. Eine Verbindung ist durch Gl. (124) und Definition (130) zu

$$f_l(k) = \frac{1}{2ik}[S_l(k) - 1] \tag{134}$$

gegeben. Um also die Eigenschaften der Partialwellenamplituden der unteren k-Halbebene zu untersuchen, gilt es $S_l(-k)$ zu betrachten. Für die Streufunktion gilt aber nach Gl. (130) in diesem Bereich

$$S_l(-k) = (-1)^{l+1}\frac{\varphi_l^{(-)}(-k)}{\varphi_l^{(+)}(-k)} = (-1)^{l+1}\frac{\varphi_l^{(+)}(k)}{\varphi_l^{(-)}(k)} = \frac{1}{S_l(k)}. \tag{135}$$

Damit lässt sich auch die Partialwellenamplitude in die untere k-Halbebene zu

$$f_l(-k) = \frac{1}{-2\mathrm{i}k}[S_l(-k) - 1] = \frac{1}{2\mathrm{i}k}\frac{S_l(k) - 1}{S_l(k)} = \frac{f_l(k)}{1 + 2\mathrm{i}kf_l(k)}.$$

überführen. Nachdem bereits gezeigt wurde, dass $f_l(k)$ auf der oberen k-Ebene ($\mathrm{Im}(k)>0$) den Schnitt $(\mathrm{i}/(2r_0), \mathrm{i}\infty)$ besitzt, ist mittels der obigen Beziehung zudem klar, dass der entsprechende Schnitt auch auf der unteren k-Ebene ($\mathrm{Im}(k)<0$) zu finden ist. Dieser Verläuft entlang $(-\mathrm{i}/(2r_0), -\mathrm{i}\infty)$ (vgl. Abb. 10).

7.4.2 Resonanzen

Es wurde bereits erläutert, dass Pole auf der negativ reellen Achse der ersten k^2-Ebene gebundenen Zuständen entsprechen. Es soll nun gezeigt werden, dass auch Pole des zweiten, unphysikalischen Blattes von physikalischer Bedeutung sind. Bevor dies jedoch geschehen kann, muss zunächst eine weitere Eigenschaft der Funktionen S_l erarbeitet werden. Dafür ist es notwendig, erneut Gl. (132) zu untersuchen. Hierfür nehme man an, dass $u_l(r,k)$ eine Lösung der genannten Differentialgleichung beschreibe. Dann ist es sicherlich richtig, dass $u_l(r,-k^*)$ die Differentialgleichung

$$\frac{\partial^2}{\partial r^2}u_l(r,-k^*) - \left[\frac{l(l+1)}{r^2} + \frac{2m}{\hbar^2}U(r) - [k^2]^*\right]u_l(r,-k^*) = 0$$

löst. Untersucht man nun das komplex Konjugierte dieser Gleichung, so führt dies aufgrund des reellen Potentials auf folgende Aussage:

$$\frac{\partial^2}{\partial r^2}[u_l(r,-k^*)]^* - \left[\frac{l(l+1)}{r^2} + \frac{2m}{\hbar^2}U(r) - k^2\right][u_l(r,-k^*)]^* = 0.$$

Demnach löst auch $[u_l(r,-k^*)]^*$ die ursprüngliche Differentialgleichung und es gilt:

$$u_l(r,k) = [u_l(r,-k^*)]^* \quad \text{bzw.} \quad [u_l(r,k)]^* = u_l(r,-k^*).$$

Das Verhalten der Funktionen der rechten Gleichung soll nun für große Werte von r untersucht werden. Die Asymptotik von $[u_l(r,k)]^*$ lässt sich dabei mittels Gl. (128) leicht zu

$$u_l^*(r,k) \sim [\varphi^{(-)}(k)]^*\mathrm{e}^{-\mathrm{i}k^*r} + [\varphi_l^{(+)}(k)]^*\mathrm{e}^{\mathrm{i}k^*r} \tag{136}$$

bestimmen. Analog ergibt sich auch die Asymptotik von $u_l(r, -k^*)$ mittels Gl. (128) zu

$$u_l(r, -k^*) \sim \varphi_l^{(-)}(-k^*)\mathrm{e}^{-\mathrm{i}k^* r} + \varphi_l^{(+)}(-k^*)\mathrm{e}^{\mathrm{i}k^* r}. \tag{137}$$

Vergleicht man nun Gl. (136) und Gl. (137), so erhält man:

$$\varphi_l^{(\pm)}(-k^*) = [\varphi_l^{(\pm)}(k)]^*,$$

wobei k und $-k^*$ in derselben k-Halbebene liegen. Ein Blick auf die anfängliche Def. (130) liefert dann schlussendlich die gewünschte Eigenschaft:

$$S_l(-k^*) = (-1)^{l+1}\frac{\varphi_l^{(-)}(-k^*)}{\varphi_l^{(+)}(-k^*)} = (-1)^{l+1}\left[\frac{\varphi_l^{(-)}(k)}{\varphi_l^{(+)}(k)}\right]^* = [S_l(k)]^*. \tag{138}$$

Berücksichtigt man darüber hinaus Gl. (135), um die linke Seite der obigen Gleichung umzuformen, so ergibt sich zunächst

$$\frac{1}{S_l(k^*)} = [S_l(k)]^*$$

und durch einfache Umformung schlussendlich

$$[S_l(k^*)]^* S_l(k) = 1.$$

Dies bestätigt die bereits genannte Unitarität der Streufunktion ([Rol95], S. 148). Man betrachte nun ein k^2 dessen Wurzel $\bar{v} := \sqrt{k_0^2 - \mathrm{i}\Gamma/2}$, mit $\Gamma > 0$, in der unteren k-Halbebene liege. Man nehme weiter an, die Funktion $S_l(k)$ habe an dieser Stelle einen Pol erster Ordnung. Dann besitzt die Funktion auch an der Stelle $\bar{w} := -\bar{v}^* = -\sqrt{k_0^2 + \mathrm{i}\Gamma/2}$ einen Pol. Dies lässt sich mittels der bis hierhin hergeleiteten Gln. (135) und (138) folgendermaßen zeigen:

$$\left[S_l(-\bar{v}^*)\right]^* = \left[\frac{1}{S_l(\bar{v}^*)}\right]^* = \frac{1}{S_l(-\bar{v})} = S_l(\bar{v}) \to \pm\infty.$$

Auch der zweite Pol liegt dabei in der unteren k-Halbebene. Vermöge der Beziehung (135) folgt außerdem, dass $S_l(k)$ Nullstellen in den Punkten $w := -\bar{v}$ und $v := -\bar{w}$ besitzt. Diese Punkte liegen in der oberen k-Halbebene und sind in Abbildung 7 zu erkennen. Nähert man sich nun in der oberen k-Halbebene dem Punkt k_0 auf der reellen positiven Achse von oben, so wird man für die meisten Werte von k davon ausgehen können, dass das Verhalten von S_l im Wesentlichen durch den Pol $\bar{v}$ und die Nullstelle v dominiert wird. Sicherlich ist diese Annahme nur für hinreichend großen Realteil von k vertretbar. Es genügt ein Blick auf Abb. 7, um zu erkennen, dass mit abnehmendem Realteil die Punkte v und w bzw. $\bar{v}$ und $\bar{w}$ immer näher zusammenrücken. In diesem Fall kann das andere Punktepaar also nicht vernachlässigt werden.[9] Andererseits ist die Annahme, dass die S-Funktion durch die Nullstelle bzw. den Pol dominiert wird, nur gerechtfertigt, wenn der Imaginärteil dieser Stellen nicht zu groß ist. Dies sei an dieser Stelle nur aus Gründen der Vollständigkeit angemerkt. Im Folgenden wird davon ausgegangen, dass die Nullstellen sich in einem geeigneten Intervall befinden, sodass die folgende Näherung zulässig ist und die S-Funktion in einer Umgebung von k_0 durch

$$S_l(k) = \frac{k^2 - k_0^2 - \mathrm{i}\Gamma/2}{k^2 - k_0^2 + \mathrm{i}\Gamma/2} S_l^{(Ug)}(k)$$

beschrieben werden kann. Hierbei sei die „Untergrundfunktion" $S_l^{(Ug)}$ in Abhängigkeit von k nur leicht veränderlich. Bezeichnet man nun den Zähler des obigen Bruches mit $z = r\exp(\mathrm{i}\phi)$, so gilt offenbar

$$S_l(k) = \frac{r\mathrm{e}^{\mathrm{i}\phi}}{r\mathrm{e}^{-\mathrm{i}\phi}} S_l^{(Ug)}(k) = \mathrm{e}^{2\mathrm{i}\phi} S_l^{(Ug)}(k).$$

Hieraus folgt insbesondere, dass auch die Untergrundfunktion einen reinen Phasenfaktor beschreibt, da sowohl S_l als auch $\exp(2\mathrm{i}\phi)$ den Betrag eins aufweisen. Für die gesamte Phase ergibt sich also durch einen Abgleich mit Gl. (130) die folgende Beziehung:

$$\delta_l = \phi + \delta_l^{(Ug)} = \arctan\left(\frac{-\Gamma/2}{k^2 - k_0^2}\right) + \delta_l^{(Ug)} = \arctan\left(\frac{\Gamma/2}{k_0^2 - k^2}\right) + \delta_l^{(Ug)}. \tag{139}$$

Geht man im Folgenden davon aus, dass $\delta_l^{(Ug)}$ gegenüber der resonanten Phase vernachlässigt werden kann, so lässt sich mittels Gl. (124) für die Partialwellenamplitude folgender Ausdruck finden:

$$\begin{aligned} f_l(k) &= \frac{1}{k}\mathrm{e}^{\mathrm{i}\delta_l}\sin(\delta_l) = \frac{1}{k}\frac{\mathrm{e}^{2\mathrm{i}\delta_l} - 1}{2\mathrm{i}} \sim \frac{1}{2k\mathrm{i}}\left(\frac{k^2 - k_0^2 - \mathrm{i}\Gamma/2}{k^2 - k_0^2 + \mathrm{i}\Gamma/2} - 1\right) \\ &\sim -\frac{1}{k}\frac{\Gamma/2}{k^2 - k_0^2 + \mathrm{i}\Gamma/2}. \end{aligned} \tag{140}$$

Für die weitere Diskussion wird es sich als sinnvoll erweisen, die obige Darstellung der Partialwellenamplitude in

$$f_l(k) = \frac{1}{k}\frac{(\Gamma/2)(k_0^2 - k^2)}{(k_0^2 - k^2)^2 + (\Gamma/2)^2} + \mathrm{i}\frac{1}{k}\frac{(\Gamma^2/4)}{(k_0^2 - k^2)^2 + (\Gamma/2)^2},$$

[9] Fallen die Nullstellen auf der imaginären Achse tatsächlich zusammen, so spricht man von *anti-gebundenen Zuständen* (vgl. [Rol95], 2.11).

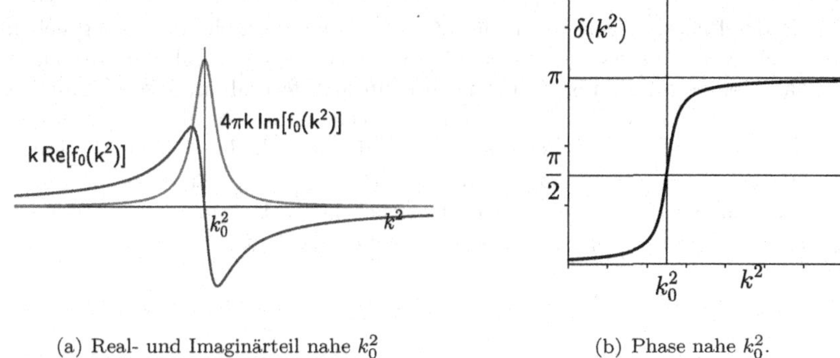

(a) Real- und Imaginärteil nahe k_0^2

(b) Phase nahe k_0^2.

Abbildung 9: Resonanzverhalten der Partialwellenamplitude. Die rote Kurve repräsentiert zudem die Breit-Wigner-Formel der Streuamplitude.

also Real- und Imaginärteil, aufzuspalten. In Abb. 9 sind die beiden Anteile leicht modifiziert aufgetragen. Gemäß dem optischen Theorem (127) lässt sich somit auch der Partialwellenwirkungsquerschnitt σ_l, der auf intuitive Weise durch $\sigma = \sum_{l=0}^{\infty} \sigma_l$ definiert ist, zu

$$\sigma_l(k) = \frac{4\pi(2l+1)}{k} \mathrm{Im}[f_l(k)] = \frac{4\pi(2l+1)}{k^2} \frac{(\Gamma^2/4)}{(k_0^2 - k^2)^2 + (\Gamma/2)^2} \tag{141}$$

bestimmen. Man bezeichnet die in Gl. (140) bzw. in Gl. (141) vorkommenden Terme

$$\frac{\Gamma/2}{k^2 - k_0^2 + \mathrm{i}\Gamma/2} \quad \text{bzw.} \quad \frac{(\Gamma^2/4)}{(k_0^2 - k^2)^2 + (\Gamma/2)^2}$$

als die *Breit-Wigner-Formeln* der Streuamplitude bzw. des Wirkungsquerschnittes. In Abb. 9 erkennt man ein scharfes Maximum an der Stelle k_0^2. Man spricht dabei auch von einer Resonanz. Geht man davon aus, dass diese Resonanz bezüglich l isoliert ist, also für andere Werte des Drehimpulses in diesem Energiebereich keine Pole vorliegen, dann wird der gesamte Wirkungsquerschnitt von dem entsprechenden σ_l dominiert. Darüber hinaus erkennt man leicht, dass die „Breite" der Kurve einzig und allein von der sogenannten *Resonanzbreite* Γ abhängt. Es lässt sich leicht nachrechnen, dass die Kurve für $k^2 = k_0^2 \pm \Gamma/2$ auf die Hälfte des Maximalwertes sinkt. Interessant ist zudem der Verlauf des Realteils der Streuamplitude. Man erkennt einerseits, dass die Steigung außerhalb des Resonanzbereiches durchgängig positiv ist, nahe k_0^2 jedoch das Vorzeichen wechselt. Andererseits ist auch bemerkenswert, dass der Realteil an der Stelle des maximalen Imaginärteils verschwindet. Lohnenswert ist zudem eine Untersuchung der Phase δ_l, deren formeller Zusammenhang durch Gl. (139) gegeben und durch Abb. 9 dargestellt wird. Man erkennt, dass im Falle der Resonanz die Phase genau $\pi/2$ beträgt. Mehr noch kann man festhalten, dass sich im Bereich der Resonanz die Phase von 0 auf π verschiebt. Es tritt also insgesamt ein Phasensprung von π auf. Man beachte, dass die Gestalt der obigen Abbildung korrekterweise auch von der nichtresonanten Phase $\delta_l^{(Ug)}$ abhängt und deswegen gegebenenfalls von der obigen Form abweichen kann. Betrachtet man nämlich Gl. (124) und das optischen Theorem, so ergibt sich für den Wirkungsquerschnitt:

$$\begin{aligned} \sigma_l(k^2) &= \frac{4\pi(2l+1)}{k}\mathrm{Im}[f_l(k,k^2)] &&= \frac{4\pi(2l+1)}{k^2}\mathrm{Im}\left[\frac{-\mathrm{i}}{2}(\mathrm{e}^{2\mathrm{i}\delta_l}-1)\right] \\ &= \frac{4\pi(2l+1)}{k^2}\frac{1-\cos(2\delta_l)}{2} &&= \frac{4\pi(2l+1)}{k^2}\sin^2\delta_l. \end{aligned}$$

Untersucht man nun aber bspw. den Fall einer nicht zu vernachlässigenden nichtresonanten Phase mit dem Wert $\delta_l^{(Ug)}(k^2) = \pi/2$, so beträgt die Gesamtphase $\delta_l(k)$ an der Stelle k_0^2 den Wert π und der Wirkungsquerschnitt nimmt in diesem Punkt ein Minimum und keineswegs ein Maximum an. Demnach sollte nicht ein Maximum des Wirkungsquerschnittes, sondern eine Phasenverschiebung um π, welche immer auftritt, als das charakteristische Kriterium einer Resonanz dienen [Tay72]. Es gilt nun an dieser Stelle ein Resümee zu ziehen. Es wurde zu Beginn behauptet, dass sich mittels der Jost-Funktionen die analytischen Eigenschaften der Partialwellenamplitude beschreiben lassen. Die gewünschte Verbindung wurde schließlich durch Gl. (134) erreicht. Zudem wurde behauptet, dass es vor allem die Pole der Partialwellenamplitude sind, welche eine physikalische Interpretation nahe legen. Zunächst wurde dafür gezeigt, dass die Nullstellen der Funktion $\varphi_l^{(+)}$ auf dem physikalischen Blatt gebundenen Zuständen entsprechen. Per Definitionem besitzt die S-Funktion in diesen Punkten also Pole, die auf der positiv-imaginären Achse liegen. Darüber hinaus wurde gezeigt, dass die Funktion $\varphi_l^{(+)}$ auch Nullstellen auf der unteren k-Halbebene aufweisen kann. Mehr noch wurde gezeigt, dass diese Nullstellen immer paarweise zu k bzw. $-k^*$ auftreten und somit zu entsprechenden Polstellen der S-Funktion führen. Bei der Interpretation dieser Polstellen stellte sich heraus, dass es sich um sogenannte Resonanzen handelt. Abbildung 10 zeigt zusammenfassend die Lage und die physikalische Interpretation der Polstellen in der komplexen k-Ebene. Im Rahmen dieser Untersuchung wurden darüber hinaus die Breit-Wigner-Formeln freigelegt, welche das Verhalten der Streuamplitude und des Wirkungsquerschnittes nahe des Pols charakterisieren.

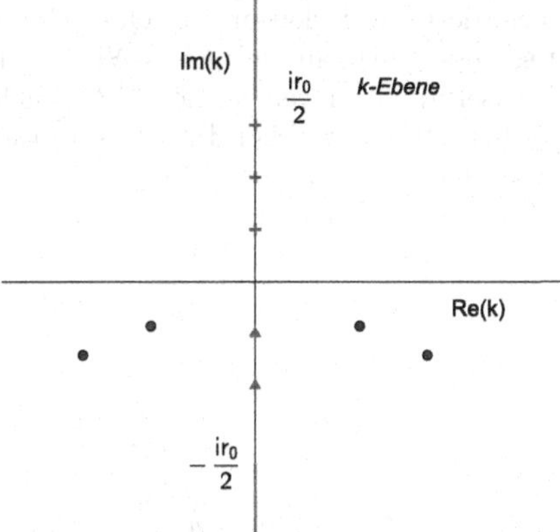

Abbildung 10: Die Polstellen der Partialwellenamplitude und deren physikalische Interpretationen. Die grauen Kreuze beschreiben gebundene Zustände, die blauen Kreise Resonanzen und die grünen Dreiecke sogenannte anti-gebundene Zustände. Die rote Linie auf der y-Achse zeigt den dynamischen Schnitt.

7.5 Compton-Effekt

Als *Compton-Effekt* wird die Verringerung der Frequenz eines Photons bei der Streuung an einem anderen Teilchen, in der Regel einem schwach gebundenen Elektron, bezeichnet. Arthur H. Compton stellte 1922 bei der Streuung hochenergetischer Röntgenstrahlung an Graphit fest, dass die Frequenz des abgestrahlten Photons, je nach Streuwinkel, kleiner war als die des eingestrahlten Photons [Com23]. Compton hatte damit ein weiteres Indiz dafür geliefert, dass das Wellenmodel keine vollständige Beschreibung des Lichts liefern konnte. Vielmehr konnten die beobachteten Effekte dadurch erklärt werden, dass einlaufende Lichtteilchen, also Photonen, elastisch an schwach gebundenen Hüllenelektronen streuten. Der Gedanke, dass man zur vollständigen Beschreibung des Lichts Teilcheneigenschaften sowie Welleneigenschaften berücksichtigen musste, drängte sich nun immer mehr auf.

In dem folgenden Abschnitt soll nun kurz der Compton-Effekt beschrieben werden. Die Ausführungen orientieren sich hierbei wesentlich an W. Demtröders Lehrbuch zur Experimentalphysik [Dem10]. Das Hauptaugenmerk liegt dabei zunächst darauf, die grundlegende Vorstellung der Compton-Streuung sowie die quantitative Frequenzänderung der gestreuten Photonen zu beschreiben. Der differentielle Wirkungsquerschnitt, also die Winkelverteilung der gestreuten Photonen, kann innerhalb dieses Abschnittes noch nicht erläutert werden. Da es sich bei der Compton-Streuung an einem Elektron um einen Effekt der Quantenelektrodynamik handelt, erfordert die Herleitung des Querschnittes eben auch deren Methoden. Dies führt schlussendlich auf den *Klein-Nishina-Wirkungsquerschnitt* [KN29] und würde an dieser Stelle zu weit reichen.[10] Nichtsdestotrotz lassen sich im Modell eines elastischen Stoßes zwischen Photon und Elektron bereits einige wichtige Erkenntnisse sammeln. Abbildung 11 veranschaulicht den Stoßprozess. Prinzipiell unterscheidet sich der Stoßprozess in obigem Modell nicht von einem

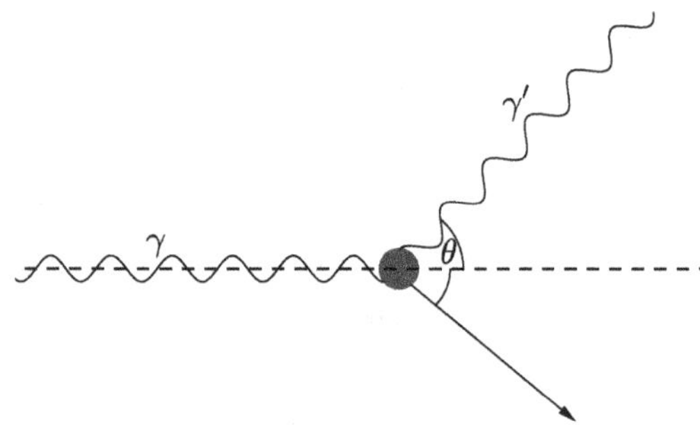

Abbildung 11: Schematische Darstellung des Compton-Effekts. Der blaue Kreis symbolisiert ein schwach gebundenes Elektron.

klassischen Stoß bspw. zweier Billardkugeln. Demgemäß gilt es bei der Herleitung der Frequenzänderung sowohl Impuls- als auch Energieerhaltung auszunutzen. Letztere besagt in Formeln, dass

$$E_\gamma + E_e = E'_\gamma + E'_e$$

gilt. Hierbei sind die ungestrichenen Werte diejenigen vor und die gestrichenen Werte diejenigen nach dem Stoß. Um das Problem möglichst einfach zu gestalten, wird als Bezugssystem das Ruhesystem des Elektrons im Anfangszustand gewählt. Ein Teilchen mit Ruhemasse $m > 0$ und Geschwindigkeit v besitzt die (relativistische) Energie $E = \gamma mc^2$, wobei $\gamma = 1/\sqrt{1-\beta^2}$ und $\beta = v/c$. Dementsprechend geht die obige Formel unter Berücksichtigung von $E_\gamma = h\nu$ in

$$h\nu + m_e c^2 = h\nu' + \gamma' m_e c^2$$

[10]Eine ausführliche Erläuterung dieser Sachverhalte findet sich bspw. bei [GR95].

über. Diese Gleichung lässt sich nun folgendermaßen umformen:

$$\begin{aligned}
h\nu + m_e c^2 &= h\nu' + \gamma' m_e c^2, \\
\left[(h\nu - h\nu') + m_e c^2\right]^2 &= \gamma'^{\,2} m_e^2 c^4, \\
h^2(\nu - \nu')^2 + 2h(\nu - \nu') m_e c^2 &= (\gamma'^{\,2} - 1) m_e^2 c^4, \\
\frac{h^2}{c^2}(\nu - \nu')^2 + 2h(\nu - \nu') m_e &= \gamma'^{\,2} (\beta' c)^2 m_e \\
&= \gamma'^{\,2} v'^{\,2} m_e^2. \qquad (142)
\end{aligned}$$

Nun gilt es die Impulserhaltung auszunutzen, um schlussendlich das gewünschte Ergebnis zu erzielen. Im Ruhesystem wird die Impulserhaltung durch

$$\hbar\vec{k} = \hbar\vec{k}' + \gamma' m_e \vec{v}\,'$$

beschrieben. Da diese Beziehung mit der aus Gl. (142) gleichgesetzt werden soll, bietet es sich an, die obige Darstellung in

$$\hbar^2(\vec{k} - \vec{k}')^2 = \gamma'^{\,2} v'^{\,2} m_e^2$$

umzuformen. Multipliziert man nun die linke Seite aus und wendet den Kosinussatz an, so führt dies auf

$$\hbar^2[k^2 + k'^2 - 2kk' \cos\theta] = \gamma'^{\,2} v'^{\,2} m_e^2.$$

Hierbei gelte $k = |\vec{k}|$ für das einlaufende und $k' = |\vec{k}\,'|$ für das auslaufende Photon. Berücksichtigt man nun zudem noch die Beziehung $\hbar k = h\nu/c$, so ergibt sich

$$\frac{h^2}{c^2}(\nu^2 + \nu'^2 - 2\nu\nu' \cos\theta) = \gamma'^{\,2} v'^{\,2} m_e^2. \qquad (143)$$

Hierbei beschreibt θ offensichtlich den Winkel zwischen einlaufendem und auslaufendem Photon (vgl. Abb. 11). Im nächsten Schritt werden nun Gl. (142) und Gl. (143) verglichen. Dies führt zu

$$\begin{aligned}
\frac{h^2}{c^2}(\nu^2 + \nu'^2 - 2\nu\nu' \cos\theta) &= \frac{h^2}{c^2}(\nu - \nu')^2 + 2h(\nu - \nu') m_e, \\
2\frac{c^2}{h}(\nu - \nu') m_e &= 2\nu\,\nu' \,(1 - \cos\theta).
\end{aligned}$$

Löst man diese Beziehung nun nach $\nu - \nu'$ auf, so erhält man

$$\nu - \nu' = \frac{h}{m_e c^2}\nu\nu'(1 - \cos\theta).$$

Wechselt man nun vermöge der Beziehung $\lambda = c/\nu$ in eine Darstellung über die Wellenlänge, so ergibt sich für die Differenz

$$\Delta\lambda := \lambda' - \lambda = \frac{c}{\nu'} - \frac{c}{\nu} = \frac{c(\nu - \nu')}{\nu\,\nu'} = \frac{h}{c\,m_e}(1 - \cos\theta) = 2\lambda_e \sin^2\left(\frac{\theta}{2}\right),$$

die *Compton-Streuformel.* Dabei wird $\lambda_e := h/(c\,m_e)$ als die *Compton-Wellenlänge* bezeichnet.

Nach der mathematischen Herleitung gilt es nun erneut, die physikalischen Implikationen dieser Formel zu erörtern. Dabei fällt zum einen auf, dass $\Delta\lambda$ von dem Streuwinkel θ abhängt. Genauer steigt die Differenz für Winkel θ zwischen 0 und π monoton. Diese Tatsache ist wenig verwunderlich, da es genau das Ergebnis widerspiegelt, das man aufgrund des klassischen Ansatzes erwarten würde: Passiert das Photon das Elektron nahezu ungehindert ($|\theta| \ll \pi$), so ist der Energieübertrag minimal. Trifft es das Elektron „frontal", so wird es zurückgeschleudert ($\theta = \pi$) und der Energieübertrag ist maximal. Im Gegenzug ist erstaunlich, dass $\Delta\lambda$ ausschließlich von θ abhängt und nicht bspw. durch die Energie der einlaufenden Photonen beeinflusst wird. Die maximale Veränderung der Wellenlänge nach einem Stoß beträgt also für alle Photonen das zweifache der Compton-Wellenlänge, welche wiederum nur von dem Streukörper, genauer gesagt nur von dessen Masse, abhängt. Untersucht man nun zusätzlich die Compton-Wellenlänge eines Elektrons $\lambda_e \approx 2\,\text{pm}$ [Dem10], so wird deutlich warum man den Compton-Effekt nur für verhältnismäßig hochenergetische Photonen, also $\lambda \approx O(10^{-12}\,\text{m})$, beobachten kann. Für Photonen geringerer Energien ist die relative Abweichung der Wellenlängen zu gering, sodass die einfallenden und die gestreuten Photonen dann de facto die gleiche Wellenlänge besitzen.

Vergleicht man diese Tatsache mit den Erkenntnissen aus Abschnitt 6.1, so scheint der Verdacht nahezuliegen, dass es sich bei der Thomson- und der Compton-Streuung keineswegs um zwei unterschiedliche, konkurrierende Prozesse handelt. Vielmehr scheint es so, als stelle die Thomson-Streuung lediglich den Spezialfall eines weitaus komplexeren Prozesses – nämlich dem der Compton-Streuung – dar. Allerdings müsste zur Bestätigung dieser Behauptung auch der Wirkungsquerschnitt der Compton-Streuung für „große" Wellenlängen in den der Thomson-Streuung übergehen. In Abschnitt 7.6 wird sich diese Vermutung erhärten. Den wirklichen „Beweis" dieser Behauptung liefert aber, wie bereits erwähnt, erst der Klein-Nishina-Wirkungsquerschnitt.

7.6 Compton-Streuung im Rahmen der Quantenmechanik

Im vorangegangenen Abschnitt wurde eine erste Beschreibung der Compton-Streuung geliefert. Genau genommen wurde in diesem Abschnitt jedoch nur der Compton-Effekt beschrieben, d. h. die Wellenlängenänderung aufgrund von Energie- und Impulserhaltung in einem Teilchenbild für Photonen und Elektronen. Die einen Streuvorgang charakterisierende Größe des Wirkungsquerschnittes konnte nämlich mittels rein kinematischer Argumentationen nicht erschlossen werden. Für eine vollständige Beschreibung des Compton-Wirkungsquerschnittes sind die Methoden der Quantenfeldtheorie notwendig, da die Streuung von sich mit Lichtgeschwindigkeit bewegenden Photonen zwangsläufig relativistisch beschrieben werden muss. Nichtsdestotrotz liefert auch die nichtrelativistische Quantenmechanik im Bereich niedriger Energien eine akzeptable Beschreibung des Wirkungsquerschnittes, solange man sich in einem kinematischen Bereich bewegt, in dem keine zusätzlichen Teilchen erzeugt werden können. Für ein strukturloses bzw. punktförmiges Teilchen der Masse M und Ladung e und einlaufende Photonen der Energie ω lässt sich der differentielle Wirkungsquerschnitt zu

$$\frac{\mathrm{d}\sigma}{\mathrm{d}\Omega} = \left\{1 - 4\frac{\omega}{M}\sin^2\left(\frac{\theta}{2}\right) + \mathcal{O}\left[\left(\frac{\omega}{M}\right)^2\right]\right\}\left|\frac{e^2\vec{\epsilon}\cdot\vec{\epsilon}'^*}{4\pi M}\right|^2 \tag{144}$$

berechnen [Sch99].[11] Hierbei beschreibt $\vec{\epsilon}$ den Polarisationsvektor des einlaufenden Photons und $\vec{\epsilon}'$ den des auslaufenden Photons. Ähnlich wie bereits in Abschnitt 6.1 gezeigt, ergibt sich daraus der differentielle Wirkungsquerschnitt für unpolarisierte Photonen zu

$$\frac{\mathrm{d}\sigma}{\mathrm{d}\Omega} = \left\{1 - 4\frac{\omega}{M}\sin^2\left(\frac{\theta}{2}\right) + \mathcal{O}\left[\left(\frac{\omega}{M}\right)^2\right]\right\}\left(\frac{e^2}{4\pi M}\right)^2\frac{(1+\cos^2\theta)}{2}.$$

Anhand dieser Formel lassen sich bereits mehrere Feststellungen treffen. Zuallererst erkennt man, dass der obige Wirkungsquerschnitt für verschwindende Energien in

$$\frac{\mathrm{d}\sigma}{\mathrm{d}\Omega} \sim \left(\frac{e^2}{4\pi M}\right)^2\frac{(1+\cos^2\theta)}{2} = \frac{\mathrm{d}\sigma}{\mathrm{d}\Omega}_{\text{unpolarisiert}},$$

also den bereits bekannten Thomson-Wirkungsquerschnitt, übergeht. Darüber hinaus erkennt man aber auch, dass der Wirkungsquerschnitt eine explizite Energieabhängigkeit aufweist. Dies hat insbesondere zur Folge, dass die Symmetrie zwischen Vorwärts- und Rückwärtsstreuung verschwindet, welche man bei der Thomson-Streuung vorfinden konnte (vgl. Abb. 5). Untersucht man nämlich den Term erster Ordnung, so erkennt man, dass dieser bei $\theta = \pi$ minimal wird und somit zu einer Verringerung der Anzahl der zurück gestreuten Teilchen führt. Es bestätigt sich damit also der Verdacht, dass die Thomson-Streuung lediglich einen Spezialfall der allgemeineren Compton-Streuung beschreibt, wobei die Abweichungen mit zunehmender Energie immer deutlicher hervortreten. Allerdings ist dies nicht die einzige vereinfachende Annahme, welche im Zuge der

[11] Es wurden natürliche Einheiten mit $\hbar = c = 1$ und die Feinstrukturkonstante $\alpha = e^2/(4\pi) \approx 1/137$ verwendet.

Thomson-Streuung vorgenommen wird. Betrachtet man nämlich den entsprechenden Abschnitt (vgl. Abschn. 6.1), so muss man feststellen, dass dort die Streuung an beliebigen, freien und geladenen Punktteilchen untersucht wurde, de facto aber wesentliche spezielle Eigenschaften der entsprechenden Teilchen nirgends einfließen. Betrachtet man jedoch bspw. ein zusammengesetztes System wie das Proton, so weist dieses spezielle Eigenschaften wie etwa die magnetische oder die elektrische Polarisierbarkeit auf, welche sich in irgendeiner Form auch im Wirkungsquerschnitt niederschlagen sollten. In der Tat lässt sich zeigen, dass Gl. (144) für ein spinloses System wie folgt modifiziert werden muss [HS13]

$$
\begin{aligned}
\frac{\mathrm{d}\sigma}{\mathrm{d}\Omega} = &\left\{1 - 4\frac{\omega}{M}\sin^2\left(\frac{\theta}{2}\right) + \mathcal{O}\left[\left(\frac{\omega}{M}\right)^2\right]\right\}\left[\frac{1}{2}(1+\cos^2\theta)\frac{\alpha^2}{M^2}\right. \\
&\left. - (1+\cos^2\theta)\frac{\alpha}{M}\alpha_E\omega\omega' - 2\cos\theta\frac{\alpha}{M}\beta_M\omega\omega' + \mathcal{O}(\omega^2,\omega'^2)\right],
\end{aligned} \tag{145}
$$

wobei α_E die elektrische und β_M die magnetische Polarisierbarkeit des Systems beschreiben. Man erkennt unschwer, dass der differentielle Wirkungsquerschnitt nicht unwesentlich von den Polarisierbarkeiten abhängt und die Formel dadurch deutlich komplexer wird. Dies mag im ersten Augenblick frustrieren, erhofft man sich doch im Allgemeinen eine möglichst „einfache“ mathematische Beschreibung. Im zweiten Augenblick sollte es jedoch motivieren. Die Tatsache nämlich, dass der differentielle Wirkungsquerschnitt in nicht zu vernachlässigender Weise von den Polarisierbarkeiten abhängt, bietet erst die Möglichkeit, eben diese Größen prinzipiell mit Hilfe von Streuexperimenten zu bestimmen. Ein Werkzeug um diese Eigenschaften zu bestimmen, bildet dabei die sogenannte *Baldin-Summenregel* [Bal60]. Sie stellt einen Zusammenhang her zwischen der Summe aus elektrischer und magnetischer Polarisierbarkeit einerseits und einem gewichteten Integral des totalen Photoabsorptionsquerschnitts andererseits. Es stellt sich überdies heraus, dass auch der Spin der jeweiligen Teilchen über das magnetische Moment und die vier Spinpolarisierbarkeiten einen nicht zu vernachlässigenden Beitrag zum Wirkungsquerschnitt liefert. Hierbei spielt die Gerasimov-Drell-Hearn-Summenregel (GDH) [Ger66, DH66] sowie die Vorwärtsspinpolarisierbarkeit γ_0 eine zentrale Rolle. Zur Herleitung der Summenregeln werden sich zwei Dispersionsrelationen als sehr hilfreich erweisen. Diese sollen nun dargelegt werden. Um dies zu erreichen, betrachte man im Folgenden nur Vorwärtsstreuung eines reellen Photons an einem Nukleon. Das einlaufende Photon ist dabei durch seinen Vierervektor aus Impuls $\vec{q}$ und Energie q_0 sowie seinen Polarisationsvektor $\vec{\epsilon}_\lambda$ charakterisiert. Wählt man nun ein Koordinatensystem derart, dass das Photon entlang der z-Achse einläuft, so lässt sich die Polarisation allgemein als

$$
\vec{\epsilon}_\pm = \mp\frac{1}{\sqrt{2}}(\hat{e}_x \pm \mathrm{i}\hat{e}_y)
$$

schreiben, wobei das Vorzeichen von der *Händigkeit* oder der *Helizität*, also anschaulich gesprochen von der Drehrichtung, des zirkular polarisierten Lichts abhängt [DPV03]. Der Streuprozess soll nun innerhalb des Laborsystems untersucht werden, wobei die Energie des Photons mit $q_0 = \nu$ bezeichnet sei. In diesem Rahmen ist die Vorwärtsstreuamplitude $T(\nu, \theta = 0)$ der Compton-Streuung ganz allgemein durch

$$T(\nu, \theta = 0) = \vec{\epsilon}'^{*} \cdot \vec{\epsilon} f(\nu) + \mathrm{i}\vec{\sigma} \cdot (\vec{\epsilon}'^{*} \times \vec{\epsilon}) g(\nu)$$

gegeben [DPV03]. Hierbei beschreibt $\vec{\sigma}/2$ den Spinoperator des Protons. Demnach charakterisiert f die spinunabhängige Amplitude und g die spinabhängige Amplitude [HS13]. Darüber hinaus lässt sich zeigen, dass die beiden Amplituden den folgenden Kreuzungsrelationen genügen [GMGT54]

$$f(-\nu) = f(\nu) \quad \text{und} \quad g(-\nu) = -g(\nu). \tag{146}$$

Wie üblich ist durch das optische Theorem ein Zusammenhang zwischen dem Imaginärteil der Amplituden und dem totalen Wirkungsquerschnitt gegeben. Diese Beziehungen werden durch

$$\begin{aligned} \mathrm{Im}[f(\nu)] &= \frac{\nu}{8\pi}[\sigma_{1/2}(\nu) + \sigma_{3/2}(\nu)] = \frac{\nu}{4\pi}\sigma_T(\nu), \\ \mathrm{Im}[g(\nu)] &= \frac{\nu}{8\pi}[\sigma_{1/2}(\nu) - \sigma_{3/2}(\nu)] \end{aligned}$$

beschrieben. Dabei gibt $\sigma_{1/2}$ den Wirkungsquerschnitt für den Fall an, dass die Helizität des einlaufenden Photons antiparallel zum Spin des Nukleons ist. Umgekehrt wird der Fall paralleler Spins mit $\sigma_{3/2}$ bezeichnet [DPV03]. Zur Diskussion der gewünschten Summenregeln wird es sich als sinnvoll erweisen, die Dispersionsrelationen für die jeweiligen Amplituden aufzustellen. Diese sollen dabei nicht, wie bis hierhin üblich, über das Titchmarsh'sche Theorem, sondern vermittels eines Wegintegrals der Form

$$f(x + \mathrm{i}\epsilon) = \frac{1}{2\pi\mathrm{i}} \oint_C \frac{f(t')}{t' - x - \mathrm{i}\epsilon} \mathrm{d}t' \tag{147}$$

hergeleitet werden. In Abb. 12 ist der entsprechende Integrationsweg eingezeichnet. Um auf die gewünschte Form der Dispersionsrelationen zu gelangen, muss der Beitrag der zwei unendlichen sowie der beiden infinitesimalen Halbkreise verschwinden. Es lässt sich zeigen, dass der Beitrag der kleinen Kreise im Grenzfall $\epsilon \to 0$ gegen Null konvergiert. Die Integration über die großen Halbkreise ist jedoch problematischer. Es ist nämlich nicht zu erwarten, dass die Integration über die spinunabhängige Amplitude f entlang dieser Halbkreise verschwindet. Vielmehr ist davon auszugehen, dass die Funktion im Grenzfall $\nu \to \infty$ nicht gegen Null konvergiert [DPV03]. Es ist demnach notwendig, die obige Integration über

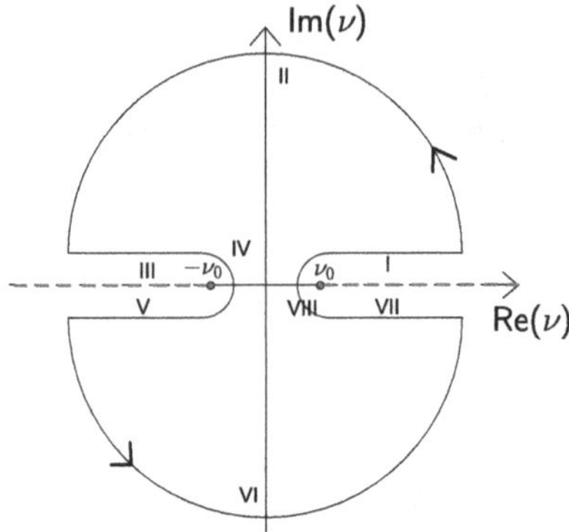

Abbildung 12: Integrationsweg des Cauchy-Integrals. Das Integral verläuft entlang vierer, um ϵ verschobener, zur x-Achse paralleler Halbgeraden (I,III,V,VII), sowie um zwei unendlich große (II, VI) und zwei infinitesimale (IV, VIII) Halbkreise (Radius = ϵ). Die gestrichelten Linien entlang der x-Achse veranschaulichen die Verzweigungsschnitte.

eine subtrahierte Funktion $f(\nu) - f(0)$ auszuführen. Die Subtraktion für $\nu = 0$ entspricht gerade dem Abziehen der bekannten Thomson-Streuamplitude. Insbesondere zieht man damit die sogenannten *Nukleonpolterme* einer relativistischen Theorie für $\nu = 0$ ab [DPV03]. Für die subtrahierte Amplitude verschwindet dann – wie gewünscht – die Integration über die oberen Halbkreise. Als Ergebnis erhält man die folgende Dispersionsrelation [DPV03]:

$$\mathrm{Re}[f(\nu)] = f(0) + \frac{\nu^2}{2\pi^2}\mathrm{C.H.}\int\limits_{\nu_0}^{\infty} \frac{\sigma_T(\nu')}{\nu'^2 - \nu^2}\mathrm{d}\nu'. \tag{148}$$

Hierbei bezeichnet ν_0 die sogenannte Laborenergie des Photons an der Pionproduktionsschwelle [HS13]. Zur Herleitung dieser Gleichung sei auf den Anhang B verwiesen. Es sei an dieser Stelle noch angemerkt, dass man auch mittels Titchmarshs Theorem auf die obige Dispersionsrelation gelangt [HS13].

Zur Berechnung der Dispersionsrelation der spinabhängigen Amplitude ist keine Subtraktion notwendig, da diese im Unendlichen schnell genug abfällt. Es ergibt sich somit unmittelbar die Beziehung [DPV03]

$$\mathrm{Re}[g(\nu)] = \frac{\nu}{4\pi^2}\mathrm{C.H.}\int\limits_{\nu_0}^{\infty} \frac{\nu'[\sigma_{1/2}(\nu') - \sigma_{3/2}(\nu')]}{\nu'^2 - \nu^2}\mathrm{d}\nu'. \tag{149}$$

Auch an dieser Stelle sei zur Herleitung auf den Anhang verwiesen. Vergleicht man nun die beiden Dispersionsrelationen, so bestätigt sich die Tatsache, dass es sich bei f um eine gerade und bei g um eine ungerade Funktion handelt. Im Besonderen bedeutet dies, dass die spinabhängige Amplitude für verschwindende Energien keine Rolle spielt, was in Anbetracht des Thomson-Grenzfalls zu erwarten war. Um nun die einzelnen Beiträge der Amplituden besser untersuchen zu können, bietet es sich an die Dispersionsrelationen mittels einer Reihenentwicklung in ihre Potenzen von ν zu zerlegen. Dabei wird lediglich der Fall $\nu < \nu_0$ untersucht, wodurch das Cauchy-Integral als gewöhnliches Integral aufgefasst werden kann (siehe Anhang B). Mit Hilfe der geometrischen Reihe [Heu98] lässt sich in diesem Fall Gl. (148) wie folgt umschreiben:

$$\begin{aligned} f(\nu) = f(0) + \frac{\nu^2}{2\pi^2}\int_{\nu_0}^{\infty}\frac{\sigma_T(\nu')}{\nu'^2-\nu^2}\mathrm{d}\nu' &= f(0) + \frac{\nu^2}{2\pi^2}\int_{\nu_0}^{\infty}\frac{\sigma_T(\nu')}{\nu'^2}\frac{1}{1-\left(\frac{\nu}{\nu'}\right)^2}\mathrm{d}\nu' \\ = f(0) + \frac{\nu^2}{2\pi^2}\int_{\nu_0}^{\infty}\frac{\sigma_T(\nu')}{\nu'^2}\sum_{n=0}^{\infty}\left(\frac{\nu}{\nu'}\right)^{2n}\mathrm{d}\nu' &= f(0) + \sum_{n=0}^{\infty}\left[\frac{1}{2\pi^2}\int_{\nu_0}^{\infty}\frac{\sigma_T(\nu')}{\nu'^{\,2n+2}}\mathrm{d}\nu'\right]\nu^{2n+2} \\ = f(0) + \sum_{n=1}^{\infty}\left[\frac{1}{2\pi^2}\int_{\nu_0}^{\infty}\frac{\sigma_T(\nu')}{\nu'^{2n}}\mathrm{d}\nu'\right]\nu^{2n} &=: \sum_{n=0}^{\infty}a_n\nu^{2n}. \end{aligned} \tag{150}$$

In ganz analoger Weise, lässt sich auch die Funktion g in

$$g(\nu) = \sum_{n=0}^{\infty}\left[\frac{1}{4\pi^2}\int_{\nu_0}^{\infty}\frac{\sigma_{1/2}(\nu')-\sigma_{3/2}(\nu')}{\nu'^{2n+1}}\mathrm{d}\nu'\right]\nu^{2n+1} =: \sum_{n=0}^{\infty}b_n\nu^{2n+1} \tag{151}$$

überführen. Somit sind schlussendlich zwei Potenzreihendarstellungen der für die Vorwärts-Compton-Streuung relevanten Amplituden gefunden.

Allerdings stellt sich nun die Frage, wie genau diese Darstellung zur Untersuchung konkreter Eigenschaften der an der Streuung beteiligten Nukleonen beitragen kann. Um diese Frage zu beantworten, soll zunächst der einfachste Fall, nämlich der verschwindender Energien, untersucht werden. Wie bereits erläutert, verschwindet die Funktion $g(\nu)$ in diesem Falle vollständig und es bleibt lediglich

$$\lim_{\nu\to 0} f(\nu) = a_0 = f(0)$$

übrig. Es wurde aber bereits erwähnt, dass die Compton-Streuung im Falle verschwindender Energien in den einfacheren Fall der Thomson-Streuung übergeht. Demnach muss a_0 der Thomson'schen Streuamplitude entsprechen. Es gilt also

$$f(0) = a_0 = -\frac{\alpha\, e_N^2}{M}.$$

Hierbei entspricht α der Feinstrukturkonstanten, e_N der Ladung des Nukleons [DPV03]. Somit wurde ein Koeffizient der Streuamplitude Gl. (150) mit intrinsischen Eigenschaften des Streuobjektes identifiziert. Bemerkenswert ist dabei die

Tatsache, dass der Koeffizient sich ausschließlich aus physikalischen Größen zusammensetzt, die grundsätzlich aus anderen Experimenten bekannt sind. Dies ist die Konsequenz des sogenannten Niederenergietheorems der Compton-Streuung [Low54, GMG54] (vgl. [Sch99]). Die Leitidee für die höheren Koeffizienten ist somit auch klar: Es gilt, immer mehr Koeffizienten der Gl. (150) und Gl. (151) mit den inneren Eigenschaften der Nukleonen in Verbindung zu setzen, um somit über die Streuexperimente Aufschluss über deren Werte zu erhalten. Baldin gelang es eine solche Verbindung herzustellen [Bal60]. Er konnte zeigen, dass

$$\frac{1}{2\pi^2}\int\limits_{\nu_0}^{\infty}\frac{\sigma_T(\nu)}{\nu^2}\mathrm{d}\nu = a_1 = \alpha_E^p + \beta_M^p \tag{152}$$

gilt. Somit zeigte er eine Möglichkeit auf, die elektrische bzw. magnetische Polarisierbarkeit eines Nukleons als ein gewichtetes Integral des totalen Photoabsorptionsquerschnittes als Funktion der Energie zu bestimmen. Aus diesem Grund bezeichnet man die obige Gleichung auch als Baldin-Summenregel. Die Koeffizienten höherer Ordnung bergen sowohl Informationen über höhere Multipole als auch über Retardierungseffekte [DPV03]. Die Ersten, denen es gelang, eine Verbindung zwischen den Koeffizienten der spinabhängigen Amplitude g und Eigenschaften des Nukleons herzustellen, waren S. B. Gerasimov [Ger66] einerseits und S. D. Drell und A. C. Hearn [DH66] andererseits. Sie konnten zeigen, dass

$$\frac{1}{4\pi^2}\int\limits_{\nu_0}^{\infty}\frac{\sigma_{1/2}(\nu)-\sigma_{3/2}(\nu)}{\nu}\mathrm{d}\nu = b_0 = -\frac{\alpha\kappa_N^2}{2M^2}$$

gilt. Erneut beinhaltet die rechte Seite bereits bekannte physikalische Größen, hier zusätzlich das anomale magnetische Moment des Nukleons (κ_N). Der äquivalente Ausdruck

$$\int\limits_{\nu_0}^{\infty}\frac{\sigma_{3/2}(\nu)-\sigma_{1/2}(\nu)}{\nu}\mathrm{d}\nu = \frac{\pi e^2\kappa_N^2}{2M^2} =: I_{\mathrm{GDH}} \tag{153}$$

wird als Gerasimov-Drell-Hearn-Summenregel bezeichnet [DPV03]. Der zweite, nicht verschwindende Koeffizient der Funktion g liefert schlussendlich Informationen über die Spinpolarisierbarkeit in Vorwärtsrichtung. Es ergibt sich folgende Summenregel

$$\frac{1}{4\pi^2}\int\limits_{\nu_0}^{\infty}\frac{\sigma_{1/2}(\nu)-\sigma_{3/2}(\nu)}{\nu^3}\mathrm{d}\nu = b_1 = \gamma_0.$$

In den letzten beiden vergangenen Jahrzehnten wurden die bis hierhin dargestellten Möglichkeiten zur Bestimmung der intrinsischen Eigenschaften des Nukleons extensiv genutzt, und es konnten so die entsprechenden Größen ermittelt werden. Beispielsweise konnte mit Hilfe der Baldin-Summenregel und experimentellen Befunden des Wirkungsquerschnittes die Summe aus elektrischer und magnetischer Polarisierbarkeit für das Proton ziemlich genau bestimmt werden [HS13]:

$$\alpha_E^p + \beta_M^p = \begin{cases} (13{,}69 \pm 0{,}14) \cdot 10^{-4}\,\mathrm{fm}^3\ \text{[BGM00]}, \\ (14{,}0 \pm 0{,}5) \cdot 10^{-4}\,\mathrm{fm}^3\ \text{[LL00]}, \\ (13{,}8 \pm 0{,}4) \cdot 10^{-4}\,\mathrm{fm}^3\ \text{[L}^+\text{01]}. \end{cases}$$

Um von der Bestimmung der Summe auf die einzelnen Werte der Polarisierbarkeiten schließen zu können, benötigt es eine weitere Summenregel, die sogenannte *Bernabeu-Ericson-Ferro Fontan-Tarrach-Summenregel*. Mittels dieser lässt sich auch die Differenz der Polarisierbarkeiten bestimmen, wodurch sich die einzelnen Werte des Protons ergeben [HS13]. Alternativ lassen sich die einzelnen Werte mit Hilfe des differentiellen Wirkungsquerschnittes bestimmen, da die elektrische und die magnetische Polarisierbarkeit unterschiedliche Winkelabhängigkeiten aufweisen (vgl. Gl. (145)). Der gegenwärtige Stand verschiedener Experimente wird durch

$$\alpha_E^p = (11{,}2 \pm 0{,}4) \cdot 10^{-4}\,\mathrm{fm}^3 \quad \text{und} \quad \beta_M^p = (2{,}5 \mp 0{,}4) \cdot 10^{-4}\,\mathrm{fm}^3$$

zusammengefasst [Ber12]. Darüber hinaus konnte mit Hilfe von Messungen an MAMI in Mainz und an ELSA in Bonn die Gerasimov-Drell-Hearn-Summenregel für das Proton bestätigt werden:

$$I_{\mathrm{GDH}}^p = \begin{cases} (-28{,}5 \pm 2) \times 10^{-6}\,\mathrm{b}, & 0\,\mathrm{MeV} \le \omega \le 200\,\mathrm{MeV} \quad \text{[D}^+\text{99], [A}^+\text{02]}, \\ (226 \pm 5 \pm 12) \times 10^{-6}\,\mathrm{b}, & 200\,\mathrm{MeV} \le \omega \le 800\,\mathrm{MeV} \quad \text{[A}^+\text{01]}, \\ (27{,}5 \pm 2{,}0 \pm 1{,}2) \times 10^{-6}\,\mathrm{b}, & 800\,\mathrm{MeV} \le \omega \le 2{,}9\,\mathrm{GeV} \quad \text{[D}^+\text{04]}, \\ (-14 \pm 2{,}0) \times 10^{-6}\,\mathrm{b}, & 2{,}9\,\mathrm{GeV} \le \omega < \infty \quad \text{[BT99], [S}^+\text{02]}, \\ (211 \pm 15) \times 10^{-6}\,\mathrm{b}, & \text{gesamt}, \\ (204{,}8) \times 10^{-6}\,\mathrm{b}, & \text{Summenregel} \quad \text{[Ger66], [DH66]}. \end{cases}$$

Es ist dabei zu bemerken, dass die Bestimmung der Werte für $\omega \le 200\,\mathrm{MeV}$ bzw. $\omega \ge 2{,}9\,\mathrm{GeV}$ nicht rein experimentell erfolgte, sondern um zusätzliche theoretische Erkenntnisse ergänzt wurde [HS13]. Im Rahmen der genannten Messungen wurde zudem die Summenregel der Vorwärtsspinpolarisierbarkeit ausgewertet.

In dem vorangegangenen Abschnitt wurde versucht zu zeigen, inwieweit das zunächst sehr theoretische Kalkül der Dispersionsrelationen dazu beitragen kann, Aufschluss über die wesentlichen inneren Eigenschaften eines Streuobjektes zu liefern. Es wurde gezeigt, dass ein Schlüssel zur Gewinnung dieser Erkenntnisse in Summenregeln liegt, von denen zumindest die einfachsten wie die Baldin- oder die GDH-Summenregel unmittelbar aus den fundamentalen Dispersionsrelationen ableitbar sind. Dass dieser theoretische Vorgang mittlerweile auch praktisch umgesetzt wird, bestätigen die hier exemplarisch zitierten Messungen. Zudem unterstreichen diese Experimente die gegenwärtige Relevanz der beschriebenen Thematik in der physikalischen Forschung. Es ist zu erwarten, dass innerhalb dieses Forschungszweiges auch in Zukunft neue und interessante Ergebnisse zu Tage gefördert werden, deren Ursprung letztendlich in den genannten Dispersionsrelationen liegt.

8 Fazit

Ziel dieser Arbeit war es, auf fundierte und verständliche Weise den Zusammenhang zwischen Kausalität, Analytizität und Dispersionsrelationen zu erklären. Um diesem Anspruch gerecht zu werden, wurde zunächst das Titchmarsh'sche Theorem eingehend untersucht. Aus mathematischer Sicht beschreibt dieses den Zusammenhang der drei genannten Begriffe, was zu Beginn ausführlich bewiesen wurde. Durch das Voranstellen wichtiger – im Wesentlichen funktionenheoretischer und funktionalanalytischer – Sätze konnte der Umfang dieses Kapitels dabei eingegrenzt werden, ohne hierbei grundlegende Teile des Beweises zu unterschlagen. Insbesondere die Einführung der Hardy-Räume erscheint zeitgemäß und führt zu einer wesentlichen Straffung und Strukturierung der Beweisführung. Die Sätze über Hardy-Räume wurden hierbei lediglich zitiert, ein Beweis dieser Aussagen würde sicherlich zu einem tieferen Verständnis dieser Räume führen, schien aber dem Rahmen dieser Arbeit nicht zu entsprechen. Für einen tieferen Einblick in dieses Teilgebiet der Mathematik sei auf [DA70] verwiesen. Neben dieser rein strukturellen Verbesserung wurden einzelne Schritte des Titchmarsh'schen Beweises umgeordnet, weiter ausgeführt und ergänzend kommentiert. All dies diente dazu, das Verständnis zu erleichtern. Trotz dieser Erläuterungen blieb der Beweis und somit auch der gewünschte Zusammenhang insgesamt noch sehr komplex. Die anschließenden konkreten Anwendungen und Beispiele trugen so ohne Frage zu einem tieferen Verständnis der Zusammenhänge bei.

Die untersuchten Exempel lagen im Bereich der klassischen Mechanik und Feldtheorie, der nichtrelativistischen Quantenmechanik und der relativistischen Quantenfeldtheorie. Die Reihenfolge der behandelten Themen wurde dabei aus physikalisch-fachlicher Sicht sehr bewusst gewählt. Der harmonische Oszillator diente als einfaches Einstiegsbeispiel und fand seine Anwendung in dem unmittelbar daran anknüpfenden Lorentz-Modell der Permittivität. Erst daran anschließend wurden die sehr viel abstrakteren Kramers-Kronig-Relationen untersucht, welche einen allgemeinen Blick auf die Dielektrizitätsfunktion ermöglichten. Im Bereich der Anwendungen wurde dann die den Schwerpunkt bildende Thematik der Streutheorie bearbeitet, wobei zunächst grundlegende Begriffe dieses Gebietes am konkreten Beispiel der Thomson-Streuung erläutert wurden. Erst daran anschließend wurde die Streuung im Modell der nichtrelativistischen Quantenmechanik beleuchtet. Der Fokus lag hier bewusst auf diesem Bereich, da Dispersionsrelationen dort eine entscheidende Rolle spielen. Zu guter Letzt wurde diskutiert, welche Aussagen die Dispersionstheorie für die Compton-Streuung an einem Nukleon in Vorwärtsrichtung treffen kann.

Insgesamt ist zu sagen, dass die untersuchten Bereiche – abgesehen vom harmonischen Oszillator – insbesondere für Einsteiger in die Thematik durchaus anspruchsvoll sind. Es wurde daher versucht, die physikalischen Fachinhalte ausreichend zu erläutern und durch ausgewählte, in der Regel selbst erstellte

Grafiken zu ergänzen. Dabei flossen in fast jedem Kapitel bewusst Ausführungen einerseits allgemeiner, andererseits spezieller Fachbücher der theoretischen Physik und der Mathematik ein. Die so entstandene Zusammenstellung versucht die komplexen Inhalte möglichst verständlich zu präsentieren, ohne dass dabei wesentliche fachliche Inhalte verloren gehen. Zur Erreichung dieses anspruchsvollen Zieles gehörte es auch, die rein formellen Herleitungen um anschauliche Erläuterungen sowie Interpretationen und Deutungen zu ergänzen. Eine Ausnahme bildete dabei das letzte Kapitel: Dort ist es dem hohen fachlichen Anspruch der Thematik und den beschränkten Mitteln des Autors geschuldet, dass viele Ergebnisse lediglich zitiert werden konnten, ohne explizit auf deren Ursprung einzugehen. Nichtsdestotrotz wurden auch in diesem Abschnitt grundlegende Gedanken erläutert und durch geeignete Grafiken ergänzt.
Beurteilt man nun, inwieweit die ausgewählten Beispiele dazu beitragen, den bis dato nur fachlich fundierten Zusammenhang „mit Leben zu füllen", so muss man festhalten, dass insbesondere der harmonische Oszillator diesem Anspruch gerecht wurde. Es zeigte sich, dass der Prozess nur aufgrund der Holomorphie der Übertragungsfunktion in der oberen Halbebene kausal ist. Zudem wurde explizit gezeigt, dass unter diesen Voraussetzungen Imaginär- und Realteil vermöge einer Hilbert-Transformation miteinander verbunden sind. Die enge Verbindung von Kausalität, Analytizität in der oberen Halbebene und den Dispersionsrelationen konnte so leicht rekapituliert werden. Unter diesem Gesichtspunkt scheint es vertretbar, dass in den anschließenden Beispielen immer nur ein Paar der gesamten Trias miteinander verknüpft wurde. So wurde im Rahmen der Kramers-Kronig-Relationen speziell der Zusammenhang zwischen Kausalität und Dispersionsrelationen dargelegt. Innerhalb der Streuung lag der Fokus auf der Verbindung zwischen Analytizität und den daraus ableitbaren Dispersionsrelationen. Darüber hinaus wurde im Zuge des letzten Abschnittes (Kap. 7.6) eine weitere, sehr populäre Methode zum Aufstellen von Dispersionsrelationen beschrieben. Mit Hilfe eines komplexen Konturintegrals wurden explizit Dispersionsrelationen für die spinabhängige und die spinunabhängige Vorwärtsstreuamplitude der Compton-Streuung an einem Nukleon hergeleitet. Es stellte sich heraus, dass auch hier die Forderung nach Analytizität und das asymptotische Verhalten der entsprechenden Funktionen unabdingbar für die Gültigkeit der korrespondierenden Dispersionsrelationen waren. Dieser Wechsel des Blickwinkels sollte einerseits dazu führen, der Vielfalt der behandelten Thematik gerecht zu werden und andererseits auch zu einem besseren Verständnis anregen. Es sei jedoch angemerkt, dass trotz aller Bemühungen die Darlegung – vor allem im Bereich der Streutheorie – niemals erschöpfend sein kann. Im Rahmen der nichtrelativistischen Streuung existiert eine Vielzahl an Dispersionsrelationen und dazu korrespondierende Kausalbedingungen, die hier nicht behandelt werden konnten. Für eine weitere Untersuchung dieser Thematik ist zum einen das umfassende Werk H. Nussenzveigs zu empfehlen [Nus72]. Darin steht insbesondere der Begriff der

Kausalität im Fokus. Zum anderen beschreibt [Tay72] die nichtrelativistische Streutheorie sehr ausführlich und anschaulich. Darüber hinaus wäre eine Untersuchung nichtlinearer „Responsefunktionen“ lohnenswert. Allerdings blieb auch hierfür aufgrund anderer Schwerpunktsetzung kein Raum. Es sei dazu erneut auf das Werk F. Kings verwiesen [Kin09b].
Wie lässt sich die vorliegende Arbeit also schlussendlich beurteilen? Oder, anders gefragt, welchen Wert besitzt diese Arbeit? Auf den ersten Blick könnte man diese Arbeit durchaus als zweigeteilt ansehen. Der erste Teil – der den Beweis des Titchmarsh'schen Theorems darstellt – ist ohne Frage dem Bereich der Mathematik zuzurechnen. Die daran anschließenden Anwendungen gehören zweifelsfrei in den Bereich der Physik. Würde man diese Teile nun separieren, um sie dann einzeln nach den Maßstäben der Mathematik einerseits bzw. den Maßstäben der Physik andererseits zu beurteilen, so käme man nicht umhin, den Wert dieser Arbeit in Frage zu stellen. Zum Einen bewies Titchmarsh selbst vor mehr als einem halben Jahrhundert besagtes Theorem ausführlich und lückenlos. Zum Anderen stellen die phänomenologischen Beschreibungen im Rahmen der klassischen Mechanik und Feldtheorie, sowie der nichtrelativistischen Quantenmechanik und der relativistischen Quantenfeldtheorie, die in dieser Arbeit dargelegt werden, allgemein akzeptierte und bekannt Sachverhalte dar. Es scheint also, als besäße diese Arbeit keinen Mehrwert. Allerdings unterläge dieses Urteil einem gewichtigen Fehler, denn wie bereits Aristoteles bemerkte, ist das Ganze manchmal mehr als die Summe seiner Teile. Zwar ist es richtig, dass „der Mathematiker“ die Aussagen sowie die Voraussetzungen für die Anwendungen des Titchmarshen Theorems kennt und versteht, ebenso wie „der Physiker“ bspw. die Phänomenologie elastischer Streuprozesse verinnerlicht hat. Allerdings – und eben das ist der entscheidende Punkt – gilt dies nicht umgekehrt. Im Allgemeinen beschäftigt sich die Mathematik nicht mit den konkreten physikalischen Konsequenzen, welche die in ihr geltenden Theoreme oder Sätze beinhalten. Umgekehrt verliert die Physik gelegentlich das solide mathematische Fundament aus den Augen, welches ihren phänomenologischen Beschreibungen zugrunde liegt. So nah sich diese beiden Disziplinen also auch stehen mögen, so wenig darf man vergessen, dass sie dennoch durch einen, an einigen Stellen mitunter sehr breiten und tiefen Graben entzweit sind, auf dessen Grund schon manche vermeintlich geniale Idee zerschellt ist. In diesem Bild soll die vorliegende Arbeit eine Brücke zwischen dem Gebiet der Mathematik und dem der Physik darstellen, von welcher beide Seiten profitieren können. Der Architekt hat dabei sein Bestes gegeben, eine solide Brücke zu entwerfen, auf dass sowohl Experten beider Parteien, wie auch weniger „landschaftskundige“ Personen, diesen Graben unbeschadet überschreiten können, um sich so an der Faszination und der Schönheiten des jeweiligen anderen Gebietes zu erfreuen. Zu beurteilen, inwiefern ihm das gelungen ist, ist nun Aufgabe des Lesers.

Literatur

[A⁺01] AHRENS, J. u. a.: First Measurement of the Gerasimov-Drell-Hearn Integral for ^{1}H from 200 to 800 MeV. In: *Phys. Rev. Lett.* 87 (2001), 022003

[A⁺02] ARNDT, R. A. u. a.: Analysis of Pion Photoproduction Data. In: *Phys. Rev.* C 66 (2002), 055213

[Bal60] BALDIN, A. M.: Polarizability of Nucleons. In: *Nucl. Phys.* 18 (1960),
S. 310

[Ber12] BERINGER, J. u. a. [Particle Data Group]: Review of Particle Physics. In: *Phys. Rev.* D 86 (2012), 010001

[BGM00] BABUSCI, D. ; GIORDANO, G. ; MATONE, G.: New Evaluation of the Baldin Sum Rule. In: *Phys. Rev.* C 57 (2000), S. 291

[BT99] BIANCHI, N. ; THOMAS, E.: Parameterisation of $[\sigma_{1/2} - \sigma_{3/2}]$ for $Q^2 \geq 0$ and Non-Resonance Contribution to the GDH Sum Rule. In: *Phys. Lett.* B 450 (1999), S. 439

[Cha73] CHAMPENEY, D. C.: *Fourier Transforms and their Physical Applications.* London u.a. : Academic Press, Inc., 1973

[Com23] COMPTON, A. H.: A Quantum Theory of the Scattering of X-Rays by Light Elements. In: *Phys. Rev.* 21 (1923), S. 483

[CTDL99a] COHEN-TANNOUDJI, C. ; DIU, B. ; LALOË , F.: *Quantenmechanik 1.* Berlin u.a. : Walter de Gruyter, 1999

[CTDL99b] COHEN-TANNOUDJI, C. ; DIU, B. ; LALOË , F.: *Quantenmechanik 2.* Berlin u.a. : Walter de Gruyter, 1999

[D⁺99] DRECHSEL, D. u. a.: A Unitary Isobar Model for Pion Photo- and Electroproduction on the Proton up to 1 GeV. In: *Nucl. Phys.* A 645 (1999),
S. 145

[D⁺04] DUTZ, H. u. a.: Experimental Check of the Gerasimov-Drell-Hearn Sum Rule for ^{1}H. In: *Phys. Rev. Lett.* 93 (2004), 032003

[DA70] DUREN, P. L. ; ARBOR, A.: *Theory of H^p-Spaces.* New York u.a. : Academic Press, 1970

[Dem10] DEMTRÖDER, W.: *Experimentalphysik 3.* Berlin u.a. : Springer, 2010

[DH66] DRELL, S. D. ; HEARN, A. C.: Exact Sum Rule for Nucleon Magnetic Moments. In: *Phys. Rev.* 16 (1966), S. 908

[DPV03] DRECHSEL, D. ; PASQUINI, B. ; VANDERHAEGHEN, M.: Dispersion Relations in Real and Virtual Compton Scattering. In: *Phys. Rept.* 378 (2003), S. 99

[Fli97] FLIESSBACH, T.: *Elektrodynamik.* Heidelberg u.a. : Spektrum Akademischer Verlag, 1997

[FLS67] FEYNMAN, R. P. ; LEIGHTON, R. B. ; SANDS, M.: *The Feynman Lectures on Physics.* Reading, Massachusetts u.a. : Addison-Wesley Publishing Company, 1967

[For01] FORSTER, O.: *Analysis 1.* Braunschweig u.a. : Viehweg, 2001

[For12] FORSTER, O.: *Analysis 3.* Wiesbaden : Viehweg-Teubner, 2012

[Fri09] FRITZSCHE, K.: *Grundkurs Funktionentheorie.* Heidelberg : Spektrum Akademischer Verlag, 2009

[Ger66] GERASIMOV, S. B.: A Sum Rule for Magnetic Moments and the Damping of the Nucleon Magnetic Moment in Nuclei. In: *Sov. J. Nucl. Phys.* 2 (1966), S. 598

[GMG54] GELL-MANN, M. ; GOLDBERGER, M. L.: Scattering of Low-Energy Photons by Particles of Spin 1/2. In: *Phys. Rev.* 96 (1954), S. 1433

[GMGT54] GELL-MANN, M. ; GOLDBERGER, M. L. ; THIRRING, W.E.: Use of Causality Conditions in Quantum Theory. In: *Phys. Rev.* 95, 2 (1954), S. 1612

[GR95] GREINER, W. ; REINHARDT, J.: *Quantenelektrodynamik.* Thun u.a. : Harri Deutsch, 1995

[Gre82] GREINER, W.: *Theoretische Physik: Klassische Elektrodynamik.* Thun : Harri Deutsch, 1982

[Gri05] GRIFFITHS, D. J.: *Introduction to Quantum Mechanics.* Upper Saddle
River : Pearson Education, Inc., 2005

[Gri08] GRIFFITHS, D. J.: *Introduction to Elektrodynamics.* Upper Saddle River : Pearson Education, Inc., 2008

[Hag63] HAGEDORN, R.: *Introduction to Field Theory and Dispersion Relations.*
Berlin : Akademie-Verlag, 1963

[Hag66] HAGEDORN, R. ; DE-SHALIT, A. (Hrsg.): *Preludes in Theoretical Physics: In Honor of V. F. Weisskopf.* Amsterdam : North-Holland Publ., 1966.
S. 153–165

[Heu98] HEUSER, H.: *Lehrbuch der Analysis: Teil 1.* Stuttgart u.a. : B.G. Teubner, 1998

[Hil62] HILGEVOORD, J.: *Dispersion Relations and Causal Description: An Introduction to Dispersion Relations in Field Theory.* Amsterdam : North-Holland Publ., 1962

[HS13] HOLSTEIN, B. R. ; SCHERER, S.: Hadron Polarizabilities, arXiV: 1401.0140 [hep-ph]

[Jac02] JACKSON, J. D.: *Klassische Elektrodynamik.* Berlin u.a. : Walter de Gruyter, 2002

[KH07] KOPITZKI, K. ; HERZOG, P.: *Einführung in die Festkörperphysik.* Wiesbaden : B.G. Teubner, 2007

[Kin09a] KING, F. W.: *Hilbert Transforms.* Bd. 1. Cambridge : Cambridge University Press, 2009

[Kin09b] KING, F. W.: *Hilbert Transforms.* Bd. 2. Cambridge : Cambridge University Press, 2009

[KN29] KLEIN, O. ; NISHINA, Y.: Über die Streuung von Strahlung durch freie Elektronen nach der neuen relativistischen Quantenmechanik nach Dirac. In: *Zeitschrift für Physik* 52 (1929), S. 853

[Kra27] KRAMERS, H. A.: La Diffusion de la Lumiere par les Atomes. In: *Atti Cong. Interm. Fisici, (Transactions of Volta Centenary Congress), Como,* Bd. 2 (1927), S. 545

[Kro26] KRONIG, R. de L.: On the Theory of Dispersion of X-Rays. *J. Opt. Soc. Am. 12* (1926), S. 547

[L+01] LEON, Olmos de u. a.: Low-energy Compton Scattering and the Polarizabilities of the Proton. In: *Eur. Phys. J.* A 10 (2001), S. 207

[LL76] LANDAU, L. D. ; LIFSCHITZ, E. M.: *Lehrbuch der Theoretische Physik II: Klassische Feldtheorie.* Berlin : Akademie-Verlag, 1976

[LL79] LANDAU, L. D. ; LIFSCHITZ, E. M.: *Lehrbuch der Theoretische Physik III: Quantenmechanik.* Berlin : Akademie-Verlag, 1979

[LL00] LEVCHUK, M. I. ; L'VOV, A. I.: Deuteron Compton Scattering below Pion Photoproduction Threshold. In: *Nucl. Phys.* A 674 (2000), S. 449

[Low54] LOW, F. E.: Scattering of Light of Very Low Frequency by Systems of Spin 1/2. In: *Phys. Rev.* 96 (1954), S. 1428

[Mue73] MÜLLER, H. H.: *Meyers Physik-Lexikon.* Mannheim u.a. : Bibliographisches Institut, 1973. S. 776

[Nol04] NOLTING, W.: *Grundkurs Theoretische Physik 5/2.* Berlin u.a. : Springer-Verlag, 2004

[NU88] NIKIFOROV, A . F. ; UVAROV, V. B.: *Special Functions of Mathematical Physics.* Basel u.a. : Birkhäuser, 1988

[Nus72] NUSSENZVEIG, H. M.: *Causality and Dispersion Relations.* New York u.a. : Academic Press, 1972

[Piv10] PIVATO, M.: *Linear Partial Differential Equations and Fourier Theory.* Cambridge : Cambridge University Press, 2010

[Rol95] ROLLNIK, H.: *Quantentheorie.* Braunschweig u.a. : Vieweg, 1995

[S+02] SIMULA, S. u. a.: Leading and Higher Twists in the Proton Polarized Structure Function g_1^p at Large Bjorken x. In: *Phys. Rev.* D 65 (2002), 034017

[Sch99] SCHERER, S.: Real and Virtual Compton Scattering at Low Energies. In: *Czech. J. Phys.* 49 (1999), S. 1307

[Sch00] SCHECK, F.: *Theoretische Physik 2.* Berlin u.a. : Springer, 2000

[Sch04] SCHECK, F.: *Theoretische Physik 3.* Berlin u.a. : Springer, 2004

[Tay72] TAYLOR, J. R.: *Scattering Theory.* New York : John Wiley & Sons, Inc., 1972

[Tit48] TITCHMARSH, E. C.: *Introduction to the Theory of Fourier Integrals.* Oxford : Clarendorn Press, 1948

[WK06] WAHL, W. V. ; KERNER, H.: *Mathematik für Physiker.* Berlin u.a. : Springer, 2006

[WS05] WENDLAND, W. L. ; STEINBACH, O.: *Analysis: Integral- und Differentialrechnung, gewöhnliche Differentialgleichungen, komplexe Funktionentheorie.* Wiesbaden : B. G. Teubner, 2005

A Beweis der Dispersionsrelation des harmonischen Oszillators

Es soll im Folgenden gezeigt werden, dass

$$\mathscr{H}\left[\frac{\gamma\omega}{(\omega^2-\omega_0^2)^2+(\gamma\omega)^2}\right]=\frac{\omega_0^2-\omega^2}{(\omega^2-\omega_0^2)^2+(\gamma\omega)^2} \tag{154}$$

gilt. Nach [Kin09b][12] gilt:

$$\mathscr{H}\left[\frac{x}{(x^2+a^2)(x^2+b^2)}\right]=\frac{ab-x^2}{(a+b)(x^2+a^2)(x^2+b^2)}. \tag{155}$$

Setzt man nun

$$(\omega^2-\omega_0^2)^2+(\gamma\omega)^2=(\omega^2+a^2)(\omega^2+b^2),$$

so folgt daraus unmittelbar

$$a^2+b^2=\gamma^2-2\omega_0^2 \quad \text{und} \quad a^2b^2=\omega_0^4 \quad \text{bzw.} \quad ab=\omega_0^2.$$

Daraus lässt sich $a+b$ folgendermaßen bestimmen

$$a+b=\sqrt{a^2+b^2+2ab}=\sqrt{\gamma^2-2\omega_0^2+2\omega_0^2}=\gamma.$$

Setzt man dies nun in Gl. (155) ein, so führt dies auf

$$\mathscr{H}\left[\frac{\omega}{(\omega^2-\omega_0^2)^2+(\gamma\omega)^2}\right]=\frac{\omega_0^2-\omega^2}{\gamma[(\omega^2-\omega_0^2)^2+(\gamma\omega)^2]}.$$

Vergleicht man dies nun mit Gl. (154), so folgt die Behauptung mittels der Linearität der Hilbert-Transformation.

[12] Appendix: S. 460. King verwendet eine Definition der Hilbert-Transformierten, die sich im Vergleich zu der von Titchmarsh um ein Minuszeichen unterscheidet. Aus Konsistenzgründen wurde die obige Formel gemäß Titchmarshs Definition angepasst.

B Herleitung der Dispersionsrelationen

Für die Funktionen $g(\nu)$ bzw. $f(\nu)$ gelten die folgenden Kreuzungsrelationen [DPV03]:

$$f(-\nu) = f(\nu), \tag{156}$$

$$g(-\nu) = -g(\nu). \tag{157}$$

Zudem gilt unter entsprechenden Voraussetzungen nach dem Schwarz'schen Spiegelungsprinzip [Fri09], S. 304:

$$f(z^*) = f^*(z) \quad \text{bzw.} \quad g(z^*) = g^*(z). \tag{158}$$

Mittels dieser Beziehung lassen sich nun die beiden Dispersionsrelationen für f und g herleiten. Es soll dabei mit der entsprechenden Relation für die Funktion g begonnen werden.

B.1 Dispersionsrelation für $g(\nu)$

Nach der Cauchy'schen Integralformel (Thm. 4), lässt sich die Funktion g schreiben als

$$g(\nu + \mathrm{i}\epsilon) = \frac{1}{2\pi \mathrm{i}} \oint\limits_C \frac{g(z)}{z - \nu - \mathrm{i}\epsilon} \mathrm{d}z, \tag{159}$$

wobei der Weg C genau so verläuft, wie in Abschnitt 7.6 erläutert. Es lässt sich zeigen, dass die infinitisimalen Kreise für verschwindendes ϵ keinen Beitrag liefern, falls die Funktion an der Stelle ν_0 beschränkt ist. Auch wurde erläutert, dass die Halbkreise in der unteren und der oberen Halbebene für hinreichend großen Radius vernachlässigbar sind. Demzufolge gilt es also noch das Integral über die verbleibenden Wege I, III, V, VII zu berechnen. Dafür soll nun zunächst das Integral über I und VII betrachtet werden. Es gilt:

$$\begin{aligned}
&\frac{1}{2\pi \mathrm{i}} \int_{C_I + C_{VII}} \frac{g(z)}{z - \nu - \mathrm{i}\epsilon} \mathrm{d}z \\
&= \frac{1}{2\pi \mathrm{i}} \int\limits_{\nu_0}^{\infty} \frac{g(\nu' + \mathrm{i}\epsilon)}{\nu' - \nu} \mathrm{d}\nu' + \frac{1}{2\pi \mathrm{i}} \int\limits_{\infty}^{\nu_0} \frac{g(\nu' - \mathrm{i}\epsilon)}{\nu' - \nu - 2\mathrm{i}\epsilon} \mathrm{d}\nu' \\
&= \frac{1}{2\pi \mathrm{i}} \int\limits_{\nu_0}^{\infty} \left[\frac{g(\nu' + \mathrm{i}\epsilon)}{\nu' - \nu} - \frac{g(\nu' - \mathrm{i}\epsilon)}{\nu' - \nu - 2\mathrm{i}\epsilon} \right] \mathrm{d}\nu' \\
&\overset{158}{=} \frac{1}{2\pi \mathrm{i}} \int\limits_{\nu_0}^{\infty} \left[\frac{g(\nu' + \mathrm{i}\epsilon)}{\nu' - \nu} - \frac{g^*(\nu' + \mathrm{i}\epsilon)}{\nu' - \nu - \mathcal{O}(\epsilon)} \right] \mathrm{d}\nu' \\
&= \frac{1}{2\pi \mathrm{i}} \int\limits_{\nu_0}^{\infty} \frac{(\nu' - \nu) g(\nu' + \mathrm{i}\epsilon) - (\nu' - \nu) g^*(\nu' + \mathrm{i}\epsilon) - \mathcal{O}(\epsilon) g(\nu' + \mathrm{i}\epsilon)}{(\nu' - \nu)^2 - (\nu' - \nu)\mathcal{O}(\epsilon)} \mathrm{d}\nu' \\
&= \frac{1}{2\pi \mathrm{i}} \int\limits_{\nu_0}^{\infty} \frac{2\mathrm{i}(\nu' - \nu)\mathrm{Im}[g(\nu' + \mathrm{i}\epsilon)] - \mathcal{O}(\epsilon) g(\nu' + \mathrm{i}\epsilon)}{(\nu' - \nu)^2 - (\nu' - \nu)\mathcal{O}(\epsilon)} \mathrm{d}\nu' \\
&\overset{\epsilon \to 0}{\to} \frac{1}{\pi} \int\limits_{\nu_0}^{\infty} \frac{\mathrm{Im}[g(\nu')]}{\nu' - \nu} \mathrm{d}\nu'.
\end{aligned} \tag{160}$$

Analog gilt für das Integral über die beiden anderen Wege III und V:

$$
\begin{aligned}
&\frac{1}{2\pi\mathrm{i}}\int_{C_{III}+C_V}\frac{g(z)}{z-\nu-\mathrm{i}\epsilon}\mathrm{d}z \\
&=\frac{1}{2\pi\mathrm{i}}\int\limits_{-\infty}^{-\nu_0}\frac{g(\nu'+\mathrm{i}\epsilon)}{\nu'-\nu}\mathrm{d}\nu'+\frac{1}{2\pi\mathrm{i}}\int\limits_{-\nu_0}^{-\infty}\frac{g(\nu'-\mathrm{i}\epsilon)}{\nu'-\nu-\mathcal{O}(\epsilon)}\mathrm{d}\nu' \\
&=-\frac{1}{2\pi\mathrm{i}}\int\limits_{\nu_0}^{\infty}\frac{g(-\nu'+\mathrm{i}\epsilon)}{\nu'+\nu}\mathrm{d}\nu'+\frac{1}{2\pi\mathrm{i}}\int\limits_{\nu_0}^{\infty}\frac{g(-\nu'-\mathrm{i}\epsilon)}{\nu'+\nu+\mathcal{O}(\epsilon)}\mathrm{d}\nu' \\
&\overset{157}{=}\frac{1}{2\pi\mathrm{i}}\int\limits_{\nu_0}^{\infty}\frac{g(\nu'-\mathrm{i}\epsilon)}{\nu'+\nu}\mathrm{d}\nu'-\frac{1}{2\pi\mathrm{i}}\int\limits_{\nu_0}^{\infty}\frac{g(\nu'+\mathrm{i}\epsilon)}{\nu'+\nu+\mathcal{O}(\epsilon)}\mathrm{d}\nu' \\
&\overset{158}{=}\frac{1}{2\pi\mathrm{i}}\int\limits_{\nu_0}^{\infty}\frac{g^*(\nu'+\mathrm{i}\epsilon)}{\nu'+\nu}\mathrm{d}\nu'-\frac{1}{2\pi\mathrm{i}}\int\limits_{\nu_0}^{\infty}\frac{g(\nu'+\mathrm{i}\epsilon)}{\nu'+\nu+\mathcal{O}(\epsilon)}\mathrm{d}\nu' \\
&=\frac{1}{2\pi\mathrm{i}}\int\limits_{\nu_0}^{\infty}\frac{(\nu'+\nu)[g^*(\nu'+\mathrm{i}\epsilon)-g(\nu'+\mathrm{i}\epsilon)]+\mathcal{O}(\epsilon)g^*(\nu'+\mathrm{i}\epsilon)}{(\nu'+\nu)^2+\mathcal{O}(\epsilon)(\nu'+\nu)}\mathrm{d}\nu' \\
&\overset{\epsilon\to 0}{\to}-\frac{1}{\pi}\int\limits_{\nu_0}^{\infty}\frac{\mathrm{Im}[g(\nu')]}{\nu'+\nu}\mathrm{d}\nu'.
\end{aligned}
$$

Abschließend gilt es nun die erhaltenen Ergebnisse über die Wegstücke zu addieren. Es ergibt sich:

$$
\begin{aligned}
g(\nu)&=\frac{1}{\pi}\int\limits_{\nu_0}^{\infty}\frac{\mathrm{Im}[g(\nu')]}{\nu'-\nu}\mathrm{d}\nu'-\frac{1}{\pi}\int\limits_{\nu_0}^{\infty}\frac{\mathrm{Im}[g(\nu')]}{\nu'+\nu}\mathrm{d}\nu' \\
&=\frac{2\nu}{\pi}\int\limits_{\nu_0}^{\infty}\frac{\mathrm{Im}[g(\nu')]}{\nu'^2-\nu^2}\mathrm{d}\nu'.
\end{aligned}
$$

Verwendet man nun das optische Theorem, so ergibt sich abschließend

$$
g(\nu)=\frac{\nu}{4\pi^2}\int\limits_{\nu_0}^{\infty}\frac{\nu'[\sigma_{1/2}(\nu')-\sigma_{3/2}(\nu')]}{\nu'^2-\nu^2}\mathrm{d}\nu'.
$$

Die obige Herleitung ist sicherlich für $\nu < \nu_0$, d. h. unterhalb der Pionproduktionsschwelle, korrekt. In diesem Fall liegt die Singularität des Integrals (159) innerhalb des durch C umrandeten Gebietes. Komplizierter wird die Untersuchung für den komplementären Fall $\nu_0 \leq \nu$. Dann befindet sich die Singularität auf dem Integrationsweg. Um dies zu verhindern umgeht man die Singularität auf einem infinitesimalen Umkreis nach unten (vgl. Abb. 12). Entlang der reellen Achse muss also der sogenannte *Linkswert des Integrals* untersucht werden (vgl. [Fri09], Kap. 3.4). Als Folge daraus geht Gl. (160) in

$$\begin{aligned}\frac{1}{\pi}\int_{\nu_0}^{\infty}\frac{\mathrm{Im}[g(\nu')]}{\nu'-\nu}\mathrm{d}\nu' &\to \frac{1}{\pi}\mathscr{L}\int_{\nu_0}^{\infty}\frac{\mathrm{Im}[g(\nu')]}{\nu'-\nu}\mathrm{d}\nu' \\ &= \frac{1}{\pi}\left(\mathrm{C.H.}\int_{\nu_0}^{\infty}\frac{\mathrm{Im}[g(\nu')]}{\nu'-\nu}\mathrm{d}\nu' + \pi\,\mathrm{i}\,\mathrm{res}_{\nu}\left\{\frac{\mathrm{Im}[g(\nu')]}{\nu'-\nu}\right\}\right) \\ &= \frac{1}{\pi}\mathrm{C.H.}\int_{\nu_0}^{\infty}\frac{\mathrm{Im}[g(\nu')]}{\nu'-\nu}\mathrm{d}\nu' + \mathrm{i}g(\nu)\end{aligned}$$

über. Da die Integration der beiden anderen Wege über die negative Achse verläuft, kann dort wie gewöhnlich verfahren werden. Insgesamt ergibt sich somit

$$\begin{aligned}g(\nu) &= \frac{1}{\pi}\mathrm{C.H.}\int_{\nu_0}^{\infty}\frac{\mathrm{Im}[g(\nu')]}{\nu'-\nu}\mathrm{d}\nu' + \mathrm{i}g(\nu) - \int_{\nu_0}^{\infty}\frac{\mathrm{Im}[g(\nu')]}{\nu'+\nu}\mathrm{d}\nu' \\ &= \frac{2\nu}{\pi}\mathrm{C.H.}\int_{\nu_0}^{\infty}\frac{\mathrm{Im}[g(\nu')]}{\nu'^2-\nu^2}\mathrm{d}\nu' + \mathrm{i}g(\nu).\end{aligned}$$

Subtrahiert man nun auf beiden Seiten $\mathrm{i}g(\nu)$, so erhält man schlussendlich

$$\mathrm{Re}[g(\nu)] = \frac{2\nu}{\pi}\mathrm{C.H.}\int_{\nu_0}^{\infty}\frac{\mathrm{Im}[g(\nu')]}{\nu'^2-\nu^2}\mathrm{d}\nu'.$$

Unter Verwendung des optischen Theorems wird daraus

$$\mathrm{Re}[g(\nu)] = \frac{\nu}{4\pi^2}\mathrm{C.H.}\int_{\nu_0}^{\infty}\frac{\nu'[\sigma_{1/2}(\nu')-\sigma_{3/2}(\nu')]}{\nu'^2-\nu^2}\mathrm{d}\nu'.$$

B.2 Dispersionsrelation für $f(\nu)$

Zur Berechnung der Dispersionsrelation für die Funktion f definiere man sich zunächst die Hilfsfunktionen h mit

$$h(\nu) = \frac{f(\nu) - f(0)}{\nu^2} \quad \text{und} \quad \widetilde{h}(\nu) = \frac{f^*(\nu) - f(0)}{\nu^2}.$$

Für das komplex Konjugierte dieser Hilfsfunktion gilt dann mittels Gl. (158)

$$h(\nu^*) = \frac{\nu^2}{(\nu^2)^*}\widetilde{h}(\nu). \tag{161}$$

Für die Differenz der beiden Funktionen h und $\widetilde{h}$ erhält man

$$h(\nu) - \widetilde{h}(\nu) = \frac{2\mathrm{i}}{\nu^2}\mathrm{Im}[f(\nu)]. \tag{162}$$

Mittels dieser Definitionen verläuft die Herleitung der Dispersionsrelation völlig analog zur vorangegangenen Rechnung. Man betrachtet also wieder die Integration über die Wege I,VII. Es ergibt sich:

$$\begin{aligned}
\frac{1}{2\pi\mathrm{i}} \int\limits_{C_I + C_{VII}} \frac{h(z)}{z - \nu - \mathrm{i}\epsilon}\mathrm{d}z &= \frac{1}{2\pi\mathrm{i}} \int\limits_{\nu_0}^{\infty} \frac{h(\nu' + \mathrm{i}\epsilon)}{\nu' - \nu}\mathrm{d}\nu' + \frac{1}{2\pi\mathrm{i}} \int\limits_{\infty}^{v_0} \frac{h(\nu' - \mathrm{i}\epsilon)}{\nu' - \nu - 2\mathrm{i}\epsilon}\mathrm{d}\nu' \\
&= \frac{1}{2\pi\mathrm{i}} \int\limits_{\nu_0}^{\infty} \left[\frac{h(\nu' + \mathrm{i}\epsilon)}{\nu' - \nu} - \frac{h(\nu' - \mathrm{i}\epsilon)}{\nu' - \nu - 2\mathrm{i}\epsilon}\right]\mathrm{d}\nu' \\
&= \frac{1}{2\pi\mathrm{i}} \int\limits_{\nu_0}^{\infty} \left\{\frac{h(\nu' + \mathrm{i}\epsilon)}{\nu' - \nu} - \frac{h[(\nu' + \mathrm{i}\epsilon)^*]}{\nu' - \nu - 2\mathrm{i}\epsilon}\right\}\mathrm{d}\nu' \\
&\overset{161}{=} \frac{1}{2\pi\mathrm{i}} \int\limits_{\nu_0}^{\infty} \left[\frac{h(\nu' + \mathrm{i}\epsilon)}{\nu' - \nu} - \frac{\widetilde{h}(\nu' + \mathrm{i}\epsilon)[\nu'^2 + \mathcal{O}(\epsilon)]}{[\nu'^2 - \mathcal{O}(\epsilon)][\nu' - \nu - \mathcal{O}(\epsilon)]}\right]\mathrm{d}\nu' \\
&= \frac{1}{2\pi\mathrm{i}} \int\limits_{\nu_0}^{\infty} \frac{\nu'^2\{[\nu' - \nu][h(\nu' + \mathrm{i}\epsilon) - \widetilde{h}(\nu' + \mathrm{i}\epsilon)]\} + \mathcal{O}(\epsilon)}{\nu'^2(\nu' - \nu)^2 + \mathcal{O}(\epsilon)}\mathrm{d}\nu' \\
&\overset{162}{=} \frac{1}{\pi} \int\limits_{\nu_0}^{\infty} \frac{\{[\nu' - \nu]\mathrm{Im}[f(\nu' + \mathrm{i}\epsilon)]\} + \mathcal{O}(\epsilon)}{\nu'^2(\nu' - \nu)^2 + \mathcal{O}(\epsilon)}\mathrm{d}\nu' \\
&\overset{\epsilon \to 0}{\to} \frac{1}{\pi} \int\limits_{\nu_0}^{\infty} \frac{\mathrm{Im}[f(\nu')]}{(\nu' - \nu)\nu'^2}\mathrm{d}\nu'.
\end{aligned}$$

Nun gilt es die beiden anderen Wegstücke zusammenzufassen.

$$\frac{1}{2\pi\mathrm{i}}\int\limits_{C_{III}+C_V}\frac{g(z)}{z-\nu-\mathrm{i}\epsilon}\mathrm{d}z=\frac{1}{2\pi\mathrm{i}}\int\limits_{-\infty}^{-\nu_0}\frac{h(\nu'+\mathrm{i}\epsilon)}{\nu'-\nu}\mathrm{d}\nu'+\int\limits_{-\nu_0}^{-\infty}\frac{h(\nu'-\mathrm{i}\epsilon)}{\nu'-\nu+\mathcal{O}(\epsilon)}\mathrm{d}\nu'$$

$$=\frac{1}{2\pi\mathrm{i}}\int\limits_{\nu_0}^{\infty}\left[-\frac{h(-\nu'+\mathrm{i}\epsilon)}{\nu'+\nu}+\frac{h(-\nu'-\mathrm{i}\epsilon)}{\nu'+\nu+\mathcal{O}(\epsilon)}\right]\mathrm{d}\nu'$$

$$\overset{156}{=}\frac{1}{2\pi\mathrm{i}}\int\limits_{\nu_0}^{\infty}\left[\frac{h(\nu'+\mathrm{i}\epsilon)}{\nu'+\nu+\mathcal{O}(\epsilon)}-\frac{h(\nu'-\mathrm{i}\epsilon)}{\nu'+\nu}\right]\mathrm{d}\nu'$$

$$\overset{161}{=}\frac{1}{2\pi\mathrm{i}}\int\limits_{\nu_0}^{\infty}\left[\frac{h(\nu'+\mathrm{i}\epsilon)}{\nu'+\nu+\mathcal{O}(\epsilon)}-\frac{\widetilde{h}(\nu'+\mathrm{i}\epsilon)[\nu'^2+\mathcal{O}(\epsilon)]}{(\nu'+\nu)[\nu'^2-\mathcal{O}(\epsilon)]}\right]\mathrm{d}\nu'$$

$$=\frac{1}{2\pi\mathrm{i}}\int\limits_{\nu_0}^{\infty}\frac{(\nu'+\nu)(\nu'^2)[h(\nu'+\mathrm{i}\epsilon)-\widetilde{h}(\nu'+\mathrm{i}\epsilon)]+\mathcal{O}(\epsilon)}{(\nu'+\nu)^2\nu'^2+\mathcal{O}(\epsilon)}\mathrm{d}\nu'$$

$$=\frac{1}{\pi}\int\limits_{\nu_0}^{\infty}\frac{(\nu'+\nu)\mathrm{Im}[f(\nu'+\mathrm{i}\epsilon)]+\mathcal{O}(\epsilon)}{(\nu'+\nu)^2\nu'^2+\mathcal{O}(\epsilon)}\mathrm{d}\nu'$$

$$\overset{\epsilon\to 0}{\to}\frac{1}{\pi}\int\limits_{\nu_0}^{\infty}\frac{\mathrm{Im}[f(\nu)]}{(\nu'+\nu)\nu'^2}\mathrm{d}\nu'.$$

Addiert man nun alle Wege, so ergibt sich

$$h(\nu)=\frac{1}{\pi}\int\limits_{\nu_0}^{\infty}\frac{\mathrm{Im}[f(\nu')]}{(\nu'-\nu)\nu'^2}\mathrm{d}\nu'+\frac{1}{\pi}\int\limits_{\nu_0}^{\infty}\frac{\mathrm{Im}[f(\nu)]}{(\nu'+\nu)\nu'^2}\mathrm{d}\nu'$$

$$=\frac{2}{\pi}\int\limits_{\nu_0}^{\infty}\frac{\mathrm{Im}[f(\nu')]}{v'(\nu'^2-\nu^2)}\mathrm{d}\nu'.$$

Unter Verwendung des optischen Theorems führt dies zunächst auf

$$h(\nu)=\frac{1}{2\pi^2}\int\limits_{\nu_0}^{\infty}\frac{\sigma_T(\nu')}{(\nu'^2-\nu^2)}\mathrm{d}\nu'$$

und nach Ersetzung von h schlussendlich auf

$$f(\nu)=f(0)+\frac{\nu^2}{2\pi^2}\int\limits_{\nu_0}^{\infty}\frac{\sigma_T(\nu')}{(\nu'^2-\nu^2)}\mathrm{d}\nu'.$$

Liegt die Singularität auf dem Integrationsweg, so muss wie bereits erläutert verfahren werden und man erhält

$$\mathrm{Re}[f(\nu)] = f(0) + \frac{\nu^2}{2\pi^2}\mathrm{C.H.}\int\limits_{\nu_0}^{\infty} \frac{\sigma_T(\nu')}{(\nu'^2 - \nu^2)}\mathrm{d}\nu'.$$

C Danksagung

Ich danke allen, die mir bei der Erstellung dieser Arbeit geholfen haben. Dies schließt insbesondere Prof. Dr. Stefan Müller-Stach und Prof. Dr. Stefan Scherer ein, die mir bei Fragen immer hilfsbereit zur Seite standen. Vor allem bei Letzterem möchte ich mich an dieser Stelle ausdrücklich bedanken. Trotz seiner Rolle als „Zweitgutachter", stand mir Stefans Tür immer offen und seine Ratschläge waren stets hilfreich und konstruktiv. Abschließend gilt ein besonderer Dank meiner Familie, meinen Freunden und meiner Freundin, die mich während der Erstellung dieser Arbeit und das gesamte Studium über immer wieder ermutigt und unterstützt haben.

Printed in the United States
By Bookmasters